百变沙拉:

77道好吃不胖的健康料理

【韩】崔柱泳 著

刘 悦 译

中国水利水电出版社
www.waterpub.com.cn

prologue

沙拉是可以充分展现个性的
魅力料理

开始做和料理相关的工作没多久，我就从某个杂志社收到了合作编写料理书的邀请。虽然是杂志赠送的副刊部分，但对于我来说是在编写只属于我的菜谱，是记载我亲手所做料理的第一本书。那期副刊的主题便是"沙拉"。

现在15年过去了，我再次制作了这本与沙拉相关的料理书。

●

比起其他料理，沙拉是适应范围更广的食物。

在15年前的韩国饮食文化中，沙拉并不是一个重要的角色。

提到沙拉，一般都只是将蕃茄酱和蛋黄酱混合后配上卷心菜，或是水果与蛋黄酱搅拌后食用的sarada（沙拉的日语发音）。

而且在人们的固有观念中，沙拉只是用未经处理的蔬菜或水果配上酱料食用的料理。

然而真正的沙拉是在套餐中提高人们食欲的开胃菜，是减肥人士的正餐替代品，是可以和以韩食为代表的东方料理配合食用的爽口小菜，是海鲜和肉类料理的绝配。

不仅如此，沙拉还是素食主义者或病人的菜单中不可缺少的一道料理。

最近无论是在咖啡厅，还是饭店的人气菜品中，也少不了沙拉的身影。

例如与海鲜或肉类料理绝配的玉米沙拉、卷心菜沙拉等生菜类沙拉，或是用凤尾鱼制作而成的凯撒沙拉，炸鸡胸肉和砂糖芥末酱搭配而成的卡君(Cajun：美国路易斯安那州料理名称)鸡肉沙拉，蕃茄、莫扎里拉奶酪(mozzarella cheese)加上罗勒制作而成的卡普瑞沙拉等等。

同时，在亚洲料理中常见的山芹、芹菜、苏子叶、小白菜等蔬菜也可以和适合的酱料制作成不同口味的沙拉。

制作美味沙拉的核心秘诀是新鲜的食材。

选择新鲜的食材，熟记它的味道。类似于圆生菜、生菜这样清淡的蔬菜和具有特别口味的芝麻菜、紫甘蓝、菊苣等蔬菜搭配在一起，能做出更加美味的沙拉。如果觉得用多种材料研磨、调和制作酱料比较麻烦的话，那就买3~5种市场上销售的酱料放在家里吧。在市场上销售的酱料中添加一两种其他材料或是将不同酱料混合也可以制作出味道独特的酱料。编写本书的目的就是向大家展现各种不同口味的沙拉。为了便于大家制作，本书分为"开胃沙拉、配菜沙拉、沙拉大餐、主菜沙拉、减肥沙拉、饭店人气沙拉"六部分。所用食材都是很容易买到的蔬菜、肉类、海鲜和加工食品。书中还包含了各种使市场上销售的酱料更加美味的秘诀。

不同的人，制作出的沙拉从味道到外观都会有所不同。

即使是对制作料理没有自信的人，也请你充满自信、愉快地尝试制作吧。

因为你可以像变魔术一般做出新鲜、丰盛的沙拉。

Content

了解简单的称重法

◎ 使用量杯和量勺

量杯和量勺是制作美味料理的基础。在手法不熟练时，即使有些麻烦也要养成计量的习惯，这样才能渐渐培养出通过眼睛和手估量食材用量的技能，更加方便地制作料理。在计量时，为了不使白糖之类的调料粘在用具上，应先从粉质调料开始计量，然后是浓度比较大的液体类调料。例如制作辣椒粉酱油调料时，要按照白糖、辣椒粉、糖稀、酱油、清酒、水的顺序计量，这样才能最大限度地避免调料遗留在用具上。

●1C (杯) = 200ml

量杯有多种材质和外形。在韩国，一杯的标准量是200ml。在使用量杯时，要把杯子放在平稳的地方，保证眼睛的高度和量杯的刻度持平，这样才能准确地计量。无论是计量粉质食材还是液体食材都要对准量杯的刻度线。

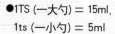

●1TS (一大勺) = 15ml,
　1ts (一小勺) = 5ml

量勺的标准分为1大勺 (1汤勺) 和1小勺 (1茶匙)。1大勺等于3小勺。在计算粉质食材时，正确的计量方法是将食材放入勺中，用筷子抹平表面。而计量液体食材则是保证在液体不溢出的情况下盛满整个量勺。

✚ 用纸杯和饭勺计量

我们经常使用的纸杯在盛满的情况下是200ml。大人们经常使用的饭勺大概是1大勺的容量。在没有计量工具时，可以使用以上两种用具代替。

◎ 用眼睛估量食材用量

最近为了提高准确度, 菜谱上最常用的单位是克 (g) 。在家里准备电子秤并不是一件很容易的事情。下面为大家介绍常见蔬菜的100g标准。

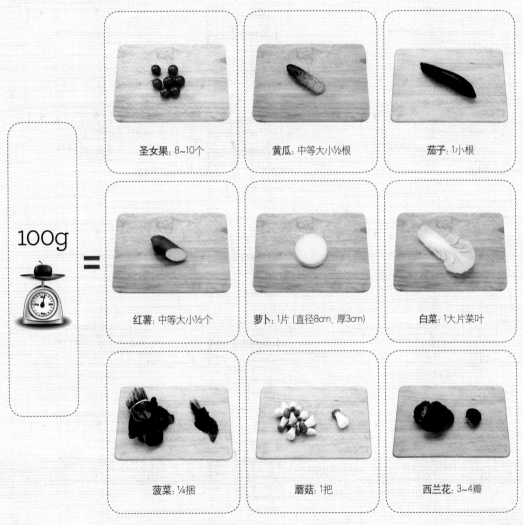

100g =

圣女果: 8~10个

黄瓜: 中等大小½根

茄子: 1小根

红薯: 中等大小½个

萝卜: 1片 (直径8cm, 厚3cm)

白菜: 1大片菜叶

菠菜: ¼捆

蘑菇: 1把

西兰花: 3~4瓣

*本书所介绍菜谱均为2人份标准。

了解沙拉蔬菜

◉ 美味的时令沙拉蔬菜

沙拉蔬菜可以在叶菜销售区随意购买。为保证蔬菜新鲜，料理前应做好计划，适量购买。在制作沙拉前，用水将菜叶洗净，沥去多余水分后便可直接食用。剩余蔬菜可以整齐地放在铺有湿润毛巾的容器中，再在蔬菜表面盖上湿润毛巾后密封放入冰箱冷藏。注意请在蔬菜变质前食用。

圆生菜

水分含量高达93%，因此口感鲜脆，既开胃又爽口。表面菜叶越绿表示生菜越新鲜，重量越轻，口感越好。但是过小的生菜味道会偏苦，中间10圆硬币*(韩币) 大小的菜心部分和底部如果是粉色或是褐色，则是不新鲜的表现。

紫甘蓝

紫甘蓝是菊苣的一种，又名意大利菊苣，白色的茎上包裹着红紫色的菜叶，外形和卷心菜类似。微苦的味道能够帮助提高食欲，鲜脆的口感也很适合用来炒菜。购买时应选择颜色鲜明、菜叶包裹紧实、有光泽的紫甘蓝。

长叶生菜

长叶生菜 (romaine lettuce) 有 "罗马人的生菜" 之意，是时令沙拉中常见的一种蔬菜。虽属于生菜类，但并没有微苦的味道，口感也很是鲜脆。市场上的长叶生菜多以棵为单位销售，叶片厚实且有弹性的长叶生菜口感比较好，像其他棵状蔬菜一样，长叶生菜表面的菜叶也并不需要去除。

小叶菜

是在蔬菜完全成熟前收获的蔬菜。叶子小而嫩，没有苦味或是辣味，因此儿童也容易接受。市场上常见的是将多种小叶菜包装在一起销售。此类蔬菜比较容易变质，因此最好按照食用量购买。

羽衣甘蓝

菜叶宽大、颜色较深、根茎明显，是经常用来包饭的蔬菜。虽然看起来叶片很坚硬，但口感很好，仔细咀嚼会感觉到甘甜。菜叶富有弹性、颜色鲜绿的口感较好。做沙拉时可以选择嫩软的菜叶，而比较坚硬的菜叶和根茎可以榨汁后直接饮用。

芥菜叶

作为芥菜的叶子拥有和芥末相同的刺鼻的辣味。因为味道比较浓烈，适合搭配比较油腻的料理，剩下的部分也可以做成小菜，根茎和菜叶富有弹性、颜色和纹路鲜明的芥菜叶比较新鲜。芥菜叶主要有红色和绿色两种。

*10圆韩币直径为2.3cm。——编者注

萝卜苗

撒下萝卜种子5~7天后生长出来的双子叶幼苗，口感像萝卜一样有些微辣，并有淡淡的萝卜香。萝卜苗不仅可以用于制作沙拉，还可以制作盖饭、拌饭或是面条儿。因为容易变质，建议按照食用量购买，应选择菜叶鲜绿的萝卜苗。

菊苣

微苦的口感可以帮助提高食欲，卷曲富有弹性的菜叶口感更好。新鲜的菊苣菜叶呈翠绿色，没有腐烂部分，根茎笔直。体积较大的菊苣口感较软，苦味更浓，比较适合煮熟后食用。

芹菜

既不辣也不苦，特殊的味道能够提升食欲，去除根茎的粗纤维部分，只选取软嫩的菜叶食用。较老的菜叶可以在处理海鲜或肉类食材时使用，能够有效去除此类食材的腥味。根茎部分没有裂痕和变质，菜叶呈绿色的芹菜较为新鲜。

乌菜

又名塌菜。口感清淡，在寒冷的冬季，口味会越发甘甜。菜叶大小适中，厚实，呈深绿色并富有光泽的乌菜较为新鲜。因为菜叶很容易变色，因此建议按照食用量购买。乌菜的胡萝卜素含量是菠菜的2倍。

甜菜叶

甜菜根部食用部分为红色，甜菜叶的叶柄和叶脉部分同样也呈现为红色。菜叶富有弹性，根茎部分嫩软，口感鲜脆，没有苦味或辣味，适合所有人群食用。请选择菜叶鲜绿、富有光泽，叶柄、叶脉部分红色鲜明的甜菜叶购买。

生菜

生菜和圆生菜是同一种类的蔬菜，生菜的种类有很多，例如：红叶生菜、绿叶生菜、散叶生菜、橡树叶生菜、长叶生菜等等。生菜的味道虽然有些微苦，但反复咀嚼就会有甘甜的口感。生菜的菜叶软嫩，非常适合制作沙拉。注意请购买菜叶没有变质的生菜。

了解市场销售的酱料

◉ 使沙拉制作变得简单的市场销售酱料

在制作沙拉时，蛋黄酱、芥末酱、橄榄油、香醋、柠檬、香草等都是必备调料。但是如此多的材料无论购买还是保存都不是一件容易的事情，因此可以灵活运用市场销售的酱料。即使是只用符合自己口味的几种酱料，只要稍微加入一些其他材料，也会呈现出多种不一样的味道。

果酱

用水果制作的酱料适合搭配水果沙拉。酸甜的猕猴桃酱、菠萝酱也很适合与肉类搭配。用莓类水果制作的酱料可以和搭配有奶酪或是清淡口味面包的沙拉一起搭配食用。

橄榄油酱料

橄榄油容易制作和保存，也是可以和大部分蔬菜沙拉搭配的酱料材料。在橄榄油中加入食醋或柠檬汁、橘子汁后搭配有洋葱或西芹的蔬菜口感最佳，黑醋汁适合与肉类食材搭配。爽口的意式酱汁适合配有新鲜水果的沙拉。

芝麻杏仁酱

柑橘醋

菠萝酱

黑醋汁

蓝莓酱

奇异果酱

意式酱料

东方酱料

亚洲酱料

是日本创造后传入世界各国，符合大众口味的一款酱料。主要由酱油、香油、食醋配以坚果类或蛋黄酱、香草等制作而成。因为含有酱油，所以比较适合搭配含有面条或海鲜的沙拉。柑橘醋(ponzu sauce)是酱油和柚子混合而成的清香酱料，适合和肉类、海鲜类搭配。

优格酱

原味酸奶虽然有些微酸，但吃起来有种特殊的香味，将较稠的酸奶制作成酱料是个不错的选择。在原味酸奶中加入新鲜水果、水果干、果酱后适合搭配含有蔬菜或奶酪的沙拉。加入芥末类酱料后适合搭配肉类食用。

蛋黄酱基础酱料

蛋黄酱是可以制作出多种酱料的基础材料。我们可以在家里制作其中几种人气最高的酱料，由多种蔬菜和蕃茄酱混合而成的千岛酱适合搭配各种蔬菜和水果。在蛋黄酱中加入原味酸奶制作而成的牧场酱汁(ranch dressing)适合搭配含有水果或口感清淡的鸡肉沙拉。蛋黄酱配以鸡蛋、剁碎的酸黄瓜制作而成的塔塔酱(tartare sauce)适合油炸料理或是白肉鱼。

千岛酱

牧场酱　　塔塔酱

芥末酱

芥末酱是由芥末的种子或果实制作而成的酱料。口感辛辣，有特殊香气，种类多样，例如与蜂蜜、蛋黄酱混合而成的口感较为柔和的砂糖芥末酱，由颗粒芥末酱、食用油、葡萄酒等混合而成的法式第戎芥末酱，除此以外还有德式、英式芥末酱，芥末酱适合与肉类、鸡蛋、奶酪搭配，涂抹在面包上食用味道也非常好。

法式酱料

是由食用油、食醋、芥末酱、白糖等调料混合而成的口感柔和的酱料，因为要添加大量的食醋和食用油，所以比起在家里制作，选择直接购买会更加方便，可以直接和沙拉搭配食用，也可以加入果酱或香草调制出更多口味后使用。

灵活运用蔬菜、水果、奶酪等食材制作的开胃沙拉, 味道清淡的酱料能够帮助你提高食欲。

Part 01

轻轻刺激你味蕾的

开胃沙拉

饭前食用沙拉,能让你产生适当的饱腹感,从而减少进食量。

希腊式沙拉

微咸的橄榄、软香的奶酪以及恰到好处的
酸味调味酱, 帮助你提高食欲。

材料	
黑橄榄	30g
绿橄榄	20g
菲达奶酪 (Feta cheese)	40g
长叶生菜	60g
黄瓜	½个
圣女果	3个
黄灯笼椒	30g
红皮洋葱	¼个

调味酱 柠檬西芹酱	
橄榄油	4大勺
柠檬汁·食醋	各2大勺
洋葱末	1大勺
第戎芥末酱 (Dijon mustard)	1小勺
蒜泥	1小勺
西芹末	½小勺
食盐	½小勺
胡椒	若干

菲达奶酪是在油中
保存的软质淡香奶酪,
即使是讨厌奶酪味道
的人也很容易
接受它的香味。

1 将制作柠檬西芹酱的食材放入容器中, 用打蛋器充分搅拌后放入冰箱冷藏。

2 黑橄榄和绿橄榄焯水后沥去多余水分, 加入2大勺调味酱搅拌。菲达奶酪切小方块。

3 长叶生菜洗净后滤去多余水分, 切成适当大小。

4 黄瓜切成薄片。圣女果去蒂, 对半切开。

5 灯笼椒去蒂去籽后切丝。洋葱切丝。

6 将③④⑤中处理过的食材全部放入容器中, 加入柠檬西芹酱搅拌, 最后撒上菲达奶酪和橄榄。

四季豆沙拉

充分展现鲜脆四季豆的鲜美味道。

 材料

四季豆	150g
洋葱	¼个
圆生菜	30g
小葱	2棵

调味酱 芥末酱

橄榄油	3大勺
白葡萄酒醋	3大勺
砂糖芥末	1大勺
白糖·食盐	各1小勺
胡椒	若干

\fresh tips/

四季豆又叫青刀豆，是春夏两季的时令蔬菜，
秋冬季节也可选用冷冻四季豆代替。

砂糖芥末是由芥末和
白葡萄酒醋混合而成，
口感酸甜。

1 去除四季豆两端部分，在加少许食盐的沸水中焯2~3分钟，放凉水中冷却后沥去多余水分。

2 将制作芥末酱的材料放入容器中，用打蛋器充分搅拌。

3 将焯过的四季豆切段放入芥末酱中搅拌后，放入冰箱冷藏1小时。

4 将洋葱切成圆形薄片，放入冷水中去除辣味。

5 圆生菜切适当大小。小葱切末。

6 在盘中铺上圆生菜，摆上四季豆、洋葱和小葱。

甜菜橙子沙拉

看上去很丰满，实际很骨感的低卡路里沙拉。

 材料

甜菜·橙子 各1个

调味酱 红葡萄酒酱

橄榄油 2大勺
红葡萄酒醋 3大勺
蒜泥 1小勺
橙皮 .... ½小勺
食盐 .... 若干

1 将整个甜菜放入加有少许食盐的沸水中煮15~20分钟，捞出后放凉。

2 将甜菜去皮，切4等份。

3 将橙子洗净，切下部分橙皮剁碎。

4 将剩下的橙皮连同内皮剥掉，只留下果肉。

5 将制作红葡萄酒酱的材料放入容器中，充分搅拌后加入甜菜和橙皮搅拌。在常温下放置30分钟后放入冰箱冷藏。

fresh tips!

甜菜脂肪含量低，富含丰富的维他命和纤维，是有助于减肥的人气食品。使甜菜更美味的料理方法是用锡箔纸包裹着甜菜放入烤箱，在190℃温度下烤制1小时。

章鱼沙拉

绵软的水煮章鱼、鲜脆的蔬菜配上美味的酱料, 令人胃口大开。

材料

水煮章鱼	150g
黄瓜	½个
胡萝卜	¼个
圣女果	4个
沙拉蔬菜	60g
萝卜苗·食盐	各若干
柠檬	1片

调味酱 东方酱料

市场销售的东方酱料 (Oriental Dressing)	4大勺

1 章鱼斜刀切薄片。

2 黄瓜切圆薄片, 用食盐腌制。

3 胡萝卜切圆薄片。圣女果去蒂对半切开。

4 沙拉蔬菜切适当大小。

5 将处理过的食材和萝卜苗放入容器, 淋上柠檬汁后加入东方酱料搅拌食用。

/fresh tips/

使用冷冻章鱼时, 在章鱼完全解冻前更容易切成薄片。

东方酱料是在由橄榄油和红葡萄酒醋或柠檬汁混合而成的法式酱汁的基础上加上酱油和芝麻制作而成的酱料, 在超市能购买到。

菠菜沙拉

即做即食，让人感觉温暖的沙拉。

材料		调味酱 温暖的酱油调味酱	
菠菜	1捆	玄米食醋	3大勺
蕃茄	½个(60g)	胚芽油	3大勺
香菇	2个	料酒	2大勺
培根	2片	香油·酱油	各1大勺
洋葱末	2大勺	葱末	1大勺
食盐·胡椒	各若干	胡椒	若干

1. 去除菠菜根部和变质的菜叶，洗净后沥去多余水分。

2. 蕃茄切半，去籽后切成骰子大小的块状。

3. 香菇去柄后切薄片。培根切成2cm长的片状。

4. 将平底锅加热，放入培根炒至微微焦黄，加入葱末和香菇，快炒后加入食盐、胡椒调味。

5. 将制作调味酱的材料全部放入④中，煮沸后加入菠菜，快炒盛盘，撒上番茄丁。

fresh tips!

挑选根茎、菜叶软嫩的菠菜会更加爽口美味。

胚芽油和玄米食醋属于绝配，如果没有的话，也可选择橄榄油、葡萄籽油、菜籽油代替。

泰式沙拉

微酸微咸的酱料可以提高食欲, 也很适合
作为正餐食用。

材料

米线	1杯(50g)
胡萝卜·洋葱	各¼个
小葱	2棵
芹菜	¼棵
圣女果	4个
沙拉蔬菜	50g
鱿鱼	½只
鲜虾	4只

调味酱 泰式酱料

酱油	3大勺
白糖·鱼露(fish sauce)	各2大勺
红辣椒末	2大勺
柠檬汁·食醋	2大勺各
辣椒油	1小勺
蒜泥	1小勺

!fresh tips!

鱼露与韩国的鱼酱类似,
是东南亚常见的调味料,
鱼露的腥味和咸度要比鱼酱
小很多, 味道非常好。

1 将制作调味酱的食材全部搅拌在一起, 放入
冰箱冷藏。

2 先将米线在冷水中浸泡10分钟, 然后在开水中
焯熟, 再次放入冷水中冷却。这样处理过的米
线在食用时比较容易咬断。

3 将胡萝卜和洋葱切丝。

4 小葱去根后, 切成2cm长小段。芹菜去除硬梗
后斜切。

5 圣女果去蒂, 对半切开。沙拉蔬菜洗净后撕成
适当大小。

6 鱿鱼去皮后反刀斜切, 然后切成3cm×4cm大
小, 和鲜虾一起放入开水中焯烫。

7 将处理过的食材与调味酱混合搅拌。

饺子皮杯型沙拉

鲜脆的口感和酸甜的味道可以帮助刺激食欲，
是一道充满乐趣的沙拉。

材料

饺子皮	6个
猕猴桃	1个
苹果	½个
葡萄柚	¼个
草莓	4粒
葡萄	10粒
花生酱	2大勺
食用油	适量

调味酱 香蕉花生酱

香蕉	1个
原味酸奶	3大勺
花生酱·柠檬汁	各1大勺

1　将制作调味酱的食材全部放入搅拌机中搅拌。

2　猕猴桃、苹果、葡萄柚去皮后切成适当大小。

3　草莓去蒂后切成适当大小。葡萄去皮后对半切开。

4　将饺子皮放入小型模具中做成碗的形状，在170℃的热油中炸过后放在漏油网上冷却。

5　在炸过的饺子皮内涂上少许花生酱。

6　将处理过的水果和香蕉花生酱搅拌均匀后装满饺子皮。

fresh tips

市场上销售的
猕猴桃酱料
同样适用。

水参苹果沙拉

口感温和的调味酱料使得味道微苦的水参
很容易入口。

材料

水参	2个
黄瓜·苹果	各½个
栗子·大枣	各4个

调味酱 芥末奶油酱

食醋	3大勺
蛋黄酱	2大勺
芥末·柠檬汁	各1大勺
白糖·奶油	各1大勺
蒜泥·食盐	各½大勺

1 将制作调味酱的食材全部放入容器中搅拌,
直至白糖融化,放入冰箱冷藏。

2 水参逐一洗净后去除表层,斜切成薄片。

3 黄瓜半根,切成薄片。苹果去籽后,带皮切成和
黄瓜大小相似薄片。

4 栗子剥皮后切成薄片。大枣去籽切丝。

5 在处理后的食材中加入4~5大勺芥末奶油酱搅
拌,盛盘。

/fresh tips/

水参是未干燥的人参,
很容易在市场购买到,
须根苦味很重,因此
做沙拉时尽量选择须根部
分较小的水参。

绿豆凉粉沙拉

清香的水芹味道可以帮助提高食欲,是一道爽口的沙拉。

材料

绿豆凉粉	300g
水芹	80g
紫菜	1片
小叶蔬菜	若干

调味酱 酱油酱汁

葱末·食醋	各2大勺
酱油	1大勺
白糖	½大勺
香油·芝麻·蒜泥·食盐	各1小勺

1　将制作调味酱的食材全部放入容器中,充分搅拌后备用。

2　将绿豆凉粉切成1.5cm大小的方块儿。

3　水芹切成5cm长小段,在盐水中焯过后放入冷水中冷却,沥去多余水分。

4　将紫菜略微烘烤后弄碎。

5　将调味酱料、绿豆凉粉和水芹混合后搅拌。

6　将⑤中食材放入盛有小叶蔬菜的容器中,最后撒上碎紫菜。

fresh tips!

绿豆凉粉一般是由绿豆淀粉制作而成的白色凉粉,同时也有栀子加水制作而成的黄色凉粉。

韭菜洋葱沙拉

由微苦的韭菜和微辣的山蒜、洋葱制作而成,很适合搭配
米饭或肉类料理食用。

材料

营养韭菜	½捆
山蒜	50g
栗子	2~3个
洋葱	½个

调味酱 芥末酱

海带汤	4大勺
酱油·食醋	各2大勺
白糖·颗粒芥末	各2小勺

1　将营养韭菜和山蒜洗净,滤去多余
　　水分后切成3cm长小段。

2　栗子剥皮后切成薄片。洋葱切成
　　细丝。

3　将营养韭菜、山蒜、栗子和洋葱过
　　冷水后沥去多余水分。

4　将处理过的蔬菜和栗子放入容器
　　中混合,食用时撒上芥末酱。

海带汤是在锅中加入5杯水,放入一片
10cm×10cm大小海带,再加入食盐熬制而成。

/fresh tips/

制作沙拉时,宜选择比普通韭菜更加细小、
鲜嫩的营养韭菜,在没有营养韭菜的情况下,
也可使用普通韭菜代替,要保证沙拉味道,调味酱料
一定要在食用时添加。

我们平时所食用的各种家常小菜和汤水都含有大量盐分，因此新鲜美味的配菜沙拉是我们餐桌上必不可少的一道菜

Part **02**

既健康又充满新鲜感的

配菜沙拉

食材丰富的配菜沙拉，既可以像家常小菜一样食用，也可以和较油腻的成品菜肴一同食用。

胡萝卜沙拉

鲜脆的苹果和胡萝卜可以帮助提高食欲，即使尽情食用也不必担心会发胖。

fresh tips

如果胡萝卜不容易切丝的话，可以先用削皮器将胡萝卜削成厚片，然后切丝。

材料

胡萝卜·苹果·柠檬	各1个
葡萄干	40g
葡萄籽油	4大勺
食盐	1/3小勺

1 将胡萝卜去皮，切成细丝。

2 在烧热的平底锅中加入一大勺葡萄籽油，为减少胡萝卜水分，将其放入锅中，稍炒后加入食盐调味，盛盘放凉。

3 将苹果去核、削皮后，切成细丝。将葡萄干放入水中泡发。

4 柠檬榨汁。

5 将胡萝卜、苹果、葡萄干全部放入容器中，加入柠檬汁和3大勺葡萄籽油搅拌，最后加入食盐调味。

6 将完成的沙拉放入冰箱冷藏30分钟后即可食用。

玉米沙拉

酸甜口感的配菜沙拉, 是值得男女老少喜爱的一道健康沙拉。

fresh tips

虽然可以用白糖代替糖稀, 但是如果考虑血糖或热量的话, 还是建议使用糖稀。

材料

罐头玉米粒	1罐(340g)
青·红甜椒	各¼个
洋葱	½个

调味酱 玉米酱

蛋黄酱	3大勺
食醋	2大勺
糖稀	1大勺
食盐	若干

1　将罐头玉米粒放入漏勺中沥去多余水分。

2　甜椒去蒂、去籽, 切成和玉米粒相同大小。将洋葱切成同样大小。

3　将全部食材放入容器中, 加入蛋黄酱、食醋、糖稀后搅拌。最后为增加口感, 加入食盐再搅拌一次。

4　将完成的沙拉放入冰箱冷藏1小时后即可使用。

1

2

大头菜沙拉

大头菜、甜菜的鲜美和梅子的酸甜口感完美结合，刺激你的味蕾。

材料

大头菜	1个
甜菜	若干
苏子叶	4片

调味酱 梅子酱

干梅子	3个
食醋·橄榄油	各2大勺
水	2小勺
白糖·料酒	各1小勺

1. 将大头菜去皮，使用削皮器或菜刀切成细丝。

2. 甜菜去皮、切丝。苏子叶切成相同大小。将两种食材放入冷水中保鲜。

3. 将干梅子去核，碾碎后和其他制作调味酱的食材混合在一起。

4. 将甜菜和苏子叶捞出，沥去多余水分，与大头菜一同放入调味酱中。

5. 将完成的沙拉放入冰箱冷藏30分钟后即可食用。

甜南瓜沙拉

在香气扑鼻的黑芝麻酱中加入甜南瓜和红薯，口感香甜绵软。

fresh tips

如果没有烤箱，可以利用烧热的平底锅炒杏仁。注意不要放油。

材料

甜南瓜·红薯	各200g
葡萄干	30g
杏仁片	20g

调味酱 黑芝麻酱

黑芝麻·食醋	各1大勺
蛋黄酱	6大勺
酱油	1小勺
胡椒	若干

1 将甜南瓜切成大块，去籽。用削皮器略微去皮。

2 将红薯洗净，带皮切成适当大小。

3 使用高压锅、蒸锅或电饭锅将甜南瓜和红薯蒸熟后放凉。

4 将红薯去皮，和甜南瓜一起切成方便食用的大小。

5 将杏仁片放入180℃预热的烤箱中烤8分钟左右。

6 将甜南瓜、红薯、葡萄干放入黑芝麻酱中搅拌。

7 将⑥中食材放入容器，撒上杏仁。

火腿鸡蛋沙拉

含有鲜软的五分熟鸡蛋的沙拉，
也可作为早餐食用。

材料

鸡蛋	4个
沙拉蔬菜	40g
切片火腿	4片
西芹末·胡椒子	若干

调味酱 爱尔兰酱

市场销售的爱尔兰酱	4大勺

1　将鸡蛋放入盐水中煮12分钟（注意请在冷水时将鸡蛋放入），五分熟后捞出，放入冷水中冷却。

2　将沙拉蔬菜洗净，切成适当大小。火腿切成长条。

3　将沙拉蔬菜和火腿放入容器中。

4　将鸡蛋剥皮后用手对半掰开，放入蔬菜中。

5　均匀撒上调味酱、西芹末和磨碎后的胡椒子。

\fresh tips/

鸡蛋如果直接放入沸水中，
蛋皮会产生裂纹，因此请在冷水时
将鸡蛋放入，将煮好的鸡蛋立刻放入
冷水中冷却，会比较容易剥皮。

茄子沙拉

利用烤茄子制作出来的一款水润、口感绵软的沙拉，也可与面包搭配食用。

 材料

茄子	1个
洋葱末·蒜泥	各1大勺
橄榄油·香醋	各3大勺
罗勒叶	8~10片
食盐·胡椒·帕玛森奶酪末	各若干

1 将茄子洗净，去蒂，切成圆片。

2 在茄子上均匀放上洋葱末、蒜泥、橄榄油、食盐和胡椒。

3 将茄子放入烧热的平底锅中，正反两面烤焙后盛盘。

4 将4~5片罗勒叶卷成卷后切丝。

5 将冷却的茄子和食醋、罗勒叶丝一同放入容器中。搅拌后均匀撒上帕玛森奶酪末和罗勒叶。

fresh tips!

茄子中含有大量水分，充分烤焙后口感会更好，可以选择平底锅进行烤焙，也可在180℃的烤箱中烘烤20分钟。

金枪鱼通心粉沙拉

清淡的金枪鱼加上多种蔬菜，是能让你
一口享受多重味道的丰盛沙拉。

材料

金枪鱼罐头	1罐(150g)
通心粉	60g
洋葱	½个
芹菜	40g
小葱	2棵
蕃茄	2个
橄榄油	1大勺
食盐	1小勺

调味酱 咖喱蛋黄酱调味酱

蛋黄酱	4½大勺
咖喱粉	½大勺
芥末·糖稀	各1大勺
柠檬汁	2大勺
食盐·胡椒	各若干

1 将金枪鱼罐头中的汤汁单独倒入容器中。将洋葱、芹菜、小葱切末。

2 将通心粉放入加有食盐和橄榄油的沸水中，煮熟后过冷水，再利用漏勺将其沥干。

3 将每个蕃茄切成3~4等份，注意不要将蕃茄切断。

4 将制作调味酱的食材全部放入容器中搅拌。然后加入金枪鱼、通心粉和步骤①处理过的蔬菜，再次搅拌均匀。

5 用④填充蕃茄每部分的空隙。

\fresh tips/

蕃茄的水分含量很高，可以在切开后，盖上厨房用巾稍吸收水分，这样处理过的沙拉口感更好。

1

5

鹿尾菜黄瓜沙拉

让你在品尝鹿尾菜鲜脆口感的同时感受到
清香的大海气息。

材料

鹿尾菜	200g
黄瓜	1根
洋葱	½个
食盐	若干

调味酱 味噌酱

味噌 (日式大酱)	各2大勺
食醋·柠檬汁	各2大勺
白糖·料酒	各1大勺
芥末	1小勺

fresh tips

鹿尾菜是海藻类的一种，叶肉厚实，嚼起来很有弹性，
含有丰富的钙、钾、蛋白质和维生素，热量很低。

1　将制作调味酱的食材放入容器中，用打蛋器搅拌。

2　将黄瓜洗净，切成圆薄片。洋葱切丝。将两种菜放入凉水中保鲜。

3　用手揉搓鹿尾菜，将其洗净。在加有少许食盐的沸水中焯过后，过冷水，然后放在漏勺上沥干。

4　将黄瓜和洋葱捞出，沥去多余水分。

5　将准备的全部食材放入容器中，加调味酱搅拌。

牛蒡莲藕沙拉

使用牛蒡和莲藕制作而成的一道独特
且美味的配菜。

 材料

牛蒡·莲藕————各100g
小叶菜—————若干
稀释食醋—————适量
　（食醋2大勺，水适量）

调味酱 芝麻杏仁酱

市场销售的
芝麻杏仁酱————6大勺

fresh tips!

牛蒡和莲藕都极易
变成褐色，因此建议按照
食用量去皮处理，剩余的
牛蒡和莲藕带皮
更容易保存。

1　将牛蒡去皮，斜切成细长条。

2　将莲藕去皮，切圆薄片。然后将每片莲藕按扇
　子形状切4等份，浸泡在稀释食醋中。

3　将牛蒡和莲藕在沸水中焯过后，过凉水，放在
　漏勺上沥去多余水分。

4　将芝麻杏仁酱与牛蒡、莲藕充分搅拌后，放入
　容器中，最后撒上小叶菜。

3

海蜇裙带菜沙拉

一道酸辣口味的沙拉，冷藏后食用口感更佳。

材料

海蜇	180g
裙带菜	100g
黄瓜	½个
小叶菜	30g

调味酱 蒜酱

蒜泥	1½大勺
芥末·食盐	各1大勺
柠檬汁·白糖	各4大勺
食醋	3大勺
香油	½小勺

1 反复清洗海蜇，去除盐分。将清洗过的海蜇在沸水中略微焯过后放入冷水中。

2 将裙带菜在沸水中略微焯过后，过凉水。去除多余水分后，切成5cm长细丝。

3 将制作调味酱的食材混合、搅拌后放入冰箱冷藏。

4 黄瓜切丝。海蜇去除多余水分后，切成适当大小细丝。

5 将黄瓜和海蜇放入容器中，加入一半调味酱均匀搅拌。

6 在⑤中放入裙带菜和小叶菜，稍作搅拌后，装盘，撒上剩余调味酱。

fresh tips!

在没有裙带菜的情况下，可用做饭团时使用的海带代替。

盐腌的500g海蜇在处理后只会剩下大概100g左右，请作好充足准备。

山芹豆腐沙拉

在软绵的豆腐中加入山芹和飞鱼籽,
口感香脆, 香气扑鼻。

材料

山芹	150g
豆腐	½块
飞鱼籽	3大勺

调味酱 大酱柚子酱

大酱·味增酱 (日本大酱)·花生酱·柠檬汁	各½大勺
柚子清	1大勺
蛋黄酱	1小勺

1 将山芹洗净, 放入加有少许食盐的沸水中焯过后, 过凉水, 最后沥去多余水分。

2 用厨房纸或棉布包裹豆腐, 去除多余水分后, 将豆腐捣碎。

3 将制作调味酱的食材依次放入容器中混合。

4 将山芹切碎, 与捣碎的豆腐一起放入调味酱中均匀搅拌。

5 将④放入模具中压实, 移入盘中后, 满满地放上飞鱼籽。

fresh tips!

请挑选使用叶片小、
根茎嫩的山芹,
叶片大、根茎老的部分可以用来
制作泡菜或饭团。

1

2

豆芽纳豆沙拉

发酵的纳豆、有助消化的山药加上充满香气的柑橘醋,是对健康十分有益的一道沙拉。

材料

纳豆·山药·豆芽	各100g
飞鱼籽	2大勺
小葱	1棵
萝卜苗	适量
烤紫菜	适量

调味酱 芥末柑橘醋

柑橘醋	4大勺
芥末	1小勺

1 山药去皮后,一半用削皮器研磨,一半切丝。将制作调味酱的食材全部搅拌后备用。

2 豆芽在沸水中焯过后,过冷水,最后放入漏勺中沥去多余水分。

3 小葱去根后,切碎。萝卜苗去除底部后,洗净。

4 将研磨后的山药和纳豆放入容器中,加入2大勺调味酱,用筷子不停搅拌。

5 在焯过的豆芽中加入剩余调味酱,搅拌后装盘,依次摆上④和山药丝、萝卜苗、飞鱼籽。

6 将切碎的小葱撒在纳豆上。紫菜切成适当大小,搭配摆放。

fresh tips!

山药要先洗净,再去皮,山药中含有的"粘液素"(mucin)遇水会使皮肤发痒。

橡子粉沙拉

由橡子粉和多种蔬菜制作而成, 不用再羡慕
其他极品料理。

材料

橡子粉	½块(150g)
嫩白菜	60g
黄瓜	½个
胡萝卜	¼个
苏子叶	4片

调味酱 芝麻酱汁

辣椒粉·凤尾鱼酱·酱油	各1大勺
白糖·芝麻·蒜泥·香油	各1小勺
食醋	2大勺
水	3大勺

1 将制作调味酱的食材混合后, 放入冰
箱冷藏。

2 剥下嫩白菜的每片叶子, 洗净后切成
适当大小。

3 黄瓜、胡萝卜和苏子叶切丝。橡子粉
切成手指粗细的条状。

4 将嫩白菜、黄瓜、胡萝卜混合后放入容
器中, 摆上橡子粉, 再放上满满的苏子
叶, 最后撒上调味酱。

fresh tips!

蔬菜可以根据个人口味和季节用生菜、
水芹、韭菜、小葱等代替。

海螺水芹沙拉

即使嗓子冒烟也让你欲罢不能的凉拌海螺，
帮助你提高食欲。

材料

海螺罐头	1罐(230g)
水芹·黄瓜·紫甘蓝	各50g
洋葱	¼个
大葱	1棵
甜菜叶	4~6片
清酒	若干

调味酱 辣椒酱

辣椒酱·酱油·白糖·食醋	各1大勺
辣椒粉	2大勺
蒜泥·香油	各1小勺
橘汁	4大勺

1 将制作调味酱的食材混合后放入冰箱冷藏。

2 将海螺放入漏勺中，在装有清酒的沸水中略微焯过后，沥去多余水分，切成适当大小。

3 选取水芹鲜嫩部分切成4cm长小段。黄瓜、紫甘蓝、洋葱、大葱切丝。

4 将处理后的蔬菜过凉水后，沥去多余水分。

5 将甜菜叶洗净后，去除多余水分，撕成适当大小。

6 将④和⑤中的蔬菜与海螺混合，均匀撒上辣椒酱，搅拌后装入容器中。

⌐fresh tips⌐

没有紫甘蓝的情况下，可以用洋白菜代替。
甜菜叶也可以使用类似芥末叶一样用于做饭团的比较
结实的叶子代替。

不仅可以填饱肚子，还能提供均衡营养和热量，是毫不逊色于正餐的沙拉。

Part 03

能够同时获取营养和健康的

沙拉大餐

由多种材料组合而成，是可与韩餐、日料、中餐、西餐完美搭配的正餐沙拉。

面包沙拉

由蔬菜、面包、奶酪制作而成的意大利式沙拉,
食材丰富、口感清淡。

材料

法式长棍面包	30g(1/3片)
绿橄榄	4个
山葵	1个
洋葱	1/4个
圣女果	4个
沙拉蔬菜	50g
帕玛森奶酪屑	若干

调味酱 罗勒酱

橄榄油	4大勺
红葡萄酒醋·柠檬汁·罗勒丝	各1小勺
蒜泥·白糖	各若干

1 将制作调味酱的食材按量混合后放入冰箱冷藏。

2 将法式长棍面包切成3cm大小方丁儿。

3 将山葵切片,洋葱切丝。圣女果去蒂,对半切开。

4 将沙拉蔬菜洗净后,用手撕成适当大小。

5 法式长棍面包稍蘸调味酱后,将剩余调味酱与其他食材均匀搅拌,装盘。最后撒上帕玛森奶酪屑。

\fresh tips/

不只是法式长棍面包,
即使是普通食用面包、
谷物面包等口感较清淡的面
包。在有剩余时都可冷冻,
以便日后食用。面包因湿气发
软,可稍作烘烤后再使用。

土豆西兰花沙拉

墨西哥胡椒的香辣与土豆、西兰花清淡的口感
完美结合。

fresh tips!

西兰花与菜花混合使用会
使沙拉的色感、口感别有一番风味。

材料

土豆	300g
西兰花	150g
红皮洋葱	50g
培根	4片
沙拉蔬菜	30g
食盐	若干

调味酱 墨西哥辣椒酱

蛋黄酱	6大勺
酸黄瓜末·洋葱末	各2大勺
墨西哥辣椒末·柠檬汁·腌墨西哥辣椒汤汁	各1勺
食盐·胡椒	各若干

1 将制作调味酱的食材按量混合后备用。

2 将土豆去皮、切块，在放有少许食盐的
沸水中焯过后，捞出放凉。

3 将西兰花切成适当大小，在放有少许食
盐的沸水中焯过后，捞出放凉。

4 将红皮洋葱切细丝后放入冷水浸泡。培
根在烧热的平底锅中煎脆，切成2cm长
小段。

5 将蔬菜沙拉洗净后切适当大小。

6 将土豆、西兰花、洋葱放入容器中，与调
味酱均匀搅拌。

7 在新容器中铺上沙拉蔬菜，将⑥中处理
过的食材盛入容器后，撒上培根。

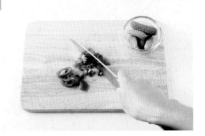

素面沙拉

可以尽情添加符合自己口味的海鲜，
让人大快朵颐。

材料

素面	100g
沙拉蔬菜	40g
虾	4只
清酒	1大勺
柠檬切片	1片
市场销售的蟹肉棒·圣女果	各4个

调味酱 中华调味酱

酱油·白糖·食醋·香油·橄榄油	各1大勺
蒜泥·蚝油·料酒·西芹末	各1小勺

1 将制作调味酱的食材按量混合后，放
　入冰箱冷藏。

2 将沙拉蔬菜洗净后切成适当大小，放
　入冰箱冷藏。

3 将虾去皮后，放入加有清酒、柠檬汁的
　沸水中焯熟。

4 将市场销售的蟹肉棒撕碎。圣女果去
　蒂，对半切开。

5 将素面在沸水中煮熟，反复过凉水后，
　放入漏勺，沥去多余水分。

6 在容器中放入沙拉蔬菜，将素面盘成
　球状后放在蔬菜上。依次摆上虾、蟹肉
　棒、圣女果。食用前撒上调味酱即可。

\fresh tips/

可使用其他面条代替素面，也可使用八爪鱼、
鱿鱼、干贝等符合自己口味的海鲜代替虾或蟹
肉棒。

1

3

4

5

海鲜乌冬沙拉

口感糯软的乌冬面加上可口的调味酱使得
沙拉更加美味。

乌冬面	1份
鱿鱼圈	6个
虾	2只
蛤仔	6个
清酒	1大勺
柠檬切片	1片
山葵	1个
沙拉蔬菜	40g
萝卜苗	若干

调味酱 东方调味酱

海带汤	3大勺
酱油	4大勺
柠檬汁·食醋	各2大勺
白糖·胡萝卜汁·洋葱汁	各1大勺
香油	½大勺

1　将制作调味酱的食材按量混合后放入
　　冰箱冷藏。

2　将乌冬面在沸水中煮熟，过冰水中
　　捞出。

3　将鱿鱼圈、虾、蛤仔放入加有清酒、柠
　　檬汁的沸水中焯熟，放入冰水中镇凉后
　　捞出。

4　将山葵切片。沙拉蔬菜洗净后切成适当
　　大小。

5　将乌冬面、海鲜、沙拉蔬菜、山葵与调
　　味酱混合后装入容器，撒上萝卜苗。

fresh tips!

请挑选会吐泥的蛤仔，可选用鱿鱼须
代替整只鱿鱼。

海带汤是在锅中放入5杯水，加入
1大片海带(10cm×10cm)和1勺
食盐熬制而成。

珍珠年糕沙拉

展现了松软的奶酪和年糕与酸甜的蓝莓完美
结合的特别风味。

材料

珍珠年糕	150g
胡萝卜·青椒·黄色灯笼椒	各¼个
洋葱	¼个
沙拉蔬菜	50g
卡芒贝奶酪	50g
食用油·食盐·胡椒	各若干

调味酱 蓝莓酱

蓝莓	50g
白糖	¼杯
水	½杯

1 将蓝莓、白糖、水放入锅中煮沸后,放入珍珠年糕熬煮。

2 将胡萝卜、洋葱、青椒、黄色灯笼椒切丝。

3 在烧热的锅中加入少许食用油,将②中蔬菜煸炒后加入食盐、胡椒调味。

4 将沙拉蔬菜和煸炒过的蔬菜混合后放入容器中。

5 将处理过的珍珠年糕放入④中,用手将卡芒贝奶酪撕碎后放入容器中,淋上剩余调味酱。

/fresh tips/

建议冷冻蓝莓在稍微解冻后使用。

1

2

3

5

墨汁意面沙拉

不经过煸炒也能拥有纯正口味的意面料理。

!fresh tips!

也可用通心粉、螺旋面等长度较短的
意式面食代替较长的墨汁意面。

材料

墨汁意面	60g
鱿鱼圈	8个
柠檬切片	1片
黄色灯笼椒·青椒·沙拉蔬菜	各30g
洋葱	¼个
圣女果	4个

调味酱 香草奶油酱

橄榄油	3大勺
蛋黄酱·柠檬汁	各2大勺
糖稀	1大勺
原味酸奶	1个
蒜泥	1小勺
西芹末·食盐·胡椒·帕玛森奶酪屑	各若干

1 将意面在加有少许食盐的沸水中煮熟，
  过凉水后捞出。

2 将鱿鱼圈在加有柠檬切片的沸水中
  焯熟。

3 将灯笼椒和青椒去籽后切丝。洋葱切
  丝。圣女果去蒂，对半切开。

4 将沙拉蔬菜洗净后，切成适当大小。

5 将制作调味酱的材料放入容器中，用打
  蛋器充分搅拌。放入意面、鱿鱼和处理
  过的蔬菜，均匀搅拌。

香肠土豆沙拉

刺激味蕾的酱料, 不仅可以当做正餐也可作下酒菜。

fresh tips!

比起用力反复搅拌的食材, 只经过简单搅拌的蔬菜口感会更好。

🥔 材料

土豆	3个
黄油	50g
牛奶·白奶油	各¼杯
香肠	2根
黄瓜	½根
红皮洋葱	30g
黄色·红色灯笼椒	各10g
食盐·胡椒	各若干

调味酱 简式调味酱

橄榄油·白葡萄酒醋	各2大勺
颗粒芥末·糖稀	各1大勺
食盐·胡椒	各若干

1 将土豆去皮, 在加有少许食盐的沸水中煮熟后捞出。

2 将土豆放入烧热的锅中, 放入黄油、牛奶、白奶油, 压碎后搅拌。水分稍蒸发后加入食盐和胡椒调味。

3 将香肠在沸水中焯过后捞出, 斜切成适当大小。

4 将黄瓜切圆片。红皮洋葱和灯笼椒切丝。

5 将制作调味酱的食材混合, 用打蛋器充分搅拌。

6 将香肠、蔬菜、调味酱和土豆搅拌后盛入容器。

咖喱鸡肉沙拉

咖喱调味酱的香气与清淡美味的鸡胸肉的
完美结合。

{fresh tips}

可用鸡里脊代替鸡胸肉，口感同样美味，
选用低脂肪蛋黄酱的话可以降低热量摄入。

材料

鸡胸肉	200g
洋葱	¼个
芹菜	½棵
葡萄干	40g
沙拉蔬菜	50g
柠檬切片	1片
清酒	1大勺
食盐	若干
红胡椒	若干

调味酱 咖喱蛋黄酱

蛋黄酱	6大勺
咖喱粉·白葡萄酒醋	各1大勺
食盐·胡椒	各若干

1 将鸡胸肉在加有柠檬、清酒、食盐的沸
水中煮熟，放凉后切丝。

2 将洋葱切薄片。芹菜去心儿后切碎。

3 将葡萄干在水中泡30分钟。

4 将沙拉蔬菜洗净后切成适当大小。

5 将蛋黄酱、咖喱粉、白葡萄酒醋充分混
合后，加入鸡肉、洋葱、芹菜、葡萄干搅
拌，最后放入食盐和胡椒调味。

6 在容器中放入沙拉蔬菜，将⑤盛入容
器后撒上红胡椒。

1

2

3

5

烤肉沙拉

水果与蔬菜的结合使得烤肉更加爽口，
味道也是别具一格。

材料

牛肉 (烤肉用) ·· 150g
沙拉蔬菜 ··· 30g
洋葱 ··· ¼个
金橘 ··· 4个
当归 ··· 20g
苏子叶 ·· 2~3片
白糖·食用油 ·· 各若干

调料 **烤肉酱**

酱油 ··· 1大勺
白糖·清酒 ·· 各1小勺
蒜泥 ··· 各½小勺
芝麻盐·香油·胡椒 ···································· 若干

调味酱 **辣椒酱**

青阳辣椒 ·· 1个
红辣椒 ··· ½个
酱油·白糖·食醋·柠檬汁 ······························· 各1大勺
香油 ··· 1小勺

1 将牛肉放入烤肉酱中腌制。洋葱切丝后在凉水中浸泡。

2 将制作辣椒酱的青阳辣椒和红辣椒去籽、切碎后与其他食材混合备用。

3 金橘对半切开,在切面沾上白糖。在烧热的平底锅中加入少许食用油,将金橘烤至变色。

4 将③中的平底锅再次烧热,把腌制好的牛肉炒熟。

5 摘下当归软嫩的茎叶洗净,苏子叶切丝,沙拉蔬菜切成适当大小后,将蔬菜混合。

6 在容器中放入处理过的蔬菜、金橘和烤肉,撒上调味酱后均匀搅拌。

fresh tips
使用市场上销售的烤肉酱时,
注意调整辣椒酱的咸度。

五花肉啤酒沙拉

焯过的五花肉不仅味道清淡，热量也会降低。

材料

五花肉	150g
啤酒	½罐
葱白	1棵
沙拉蔬菜	60g

调味酱 苹果酱

苹果泥·食醋	各3大勺
蒜泥·白糖·芥末	各1大勺
食盐·酱油	各1小勺

1 在小锅中倒入啤酒煮沸，加入五花肉
   焯熟，捞出后放在漏勺上放凉。

2 将苹果用擦丝器擦碎后，与其他制作
   调味酱的食材混合，放入冰箱冷藏。

3 将大葱切丝。

4 将沙拉蔬菜洗净，切成适当大小。

5 在容器中放入沙拉蔬菜、大葱和五花
   肉，撒上调味酱。

\fresh tips!

苹果擦泥后可用棉布包裹榨汁制作调
味酱，也可在调味酱中加入苹果泥。

夏威夷风情猪肉沙拉

香甜的菠萝加上清淡的猪肉，让人备感
细腻的口感。

材料

猪肉（猪排用）	150g
罐头装菠萝切片	2个
沙拉蔬菜	50g
营养韭菜	若干
橄榄油	2大勺

调料 调料猪

酱油	1½大勺
清酒	1大勺
白糖	2小勺
姜末·香油	各1小勺
胡椒	若干

调味酱 菠萝酱

市场销售的菠萝酱	4大勺

1 将猪肉切成适当大小，用刀背轻轻敲打。

2 将制作猪肉调料的食材按量混合后腌制
猪肉。

3 将沙拉蔬菜洗净，撕成适当大小，沥去多
余水分。将营养韭菜切成4cm长小段。

4 在烧热的锅中倒入少许橄榄油，将猪肉
和菠萝煎至变色。

5 在容器中放上沙拉蔬菜，然后放入煎过
的猪肉和菠萝，最后撒上韭菜和调味酱。

!fresh tips!

注意不要切菠萝，要将整片菠萝
放入锅中煎制。

1

2

4

三文鱼排沙拉

经过烤制的蔬菜和厚厚的三文鱼排，
让人感觉温暖的同时别有一番风味。

材料

三文鱼（鱼排用）	150g
甜南瓜切片	3片
鸡腿菇	1个
沙拉蔬菜	50g
橄榄油	2大勺
食盐·胡椒	各若干
市场销售的黑醋酱	若干

调味酱 雷莫拉 (Remoulade) 酱

芹菜	10g
洋葱	1/4个
第戎芥末	2大勺
鸡蛋	1/3个
橄榄油	1/3杯
柠檬汁·蕃茄沙司	各1大勺
白糖	2小勺
山葵末·西芹末	各1小勺
食盐·胡椒	各若干

1 将芹菜切段、洋葱切块后与其他制作调味酱的食材一起放入搅拌机搅拌。

2 将甜南瓜去皮后切片。鸡腿菇切薄片。在三文鱼中加入食盐和胡椒调味。

3 将沙拉蔬菜洗净，切成适当大小。

4 在烧热的锅中加入少许橄榄油，将三文鱼、甜南瓜、鸡腿菇两面煎至焦黄。

5 在容器中依次放入沙拉蔬菜、甜南瓜、鸡腿菇和切成适当大小的三文鱼，最后撒上调味酱和市场销售的黑醋酱。

雷莫拉酱冷藏后与热乎乎的三文鱼排共同食用更加美味。

fresh tips!

三文鱼所含脂肪很多，建议煎制前用厨房纸包裹，去除部分油脂。

让我们一起挑战——灵活运用蔬菜和各种食材，制作能够成为美味简便料理的特色沙拉。

Part 04

一盘菜也能让你的餐桌变得丰盛的

主菜沙拉

和现有简便料理相比, 这些沙拉用料更少, 更节省时间, 味道更好, 对身体也更加健康, 同时可以丰富你的餐桌。

芦笋沙拉

让你一次能够享受到芦笋、意大利熏火腿和
鸡蛋原汁原味的清淡口味。

材料

芦笋	150g
鸡蛋	2个
意大利熏火腿	4片
蒜	2瓣
橄榄油	3大勺
柠檬汁	2大勺
西芹末	1小勺
帕玛森奶酪	适量
食醋·食盐·胡椒子	各若干

1 去除芦笋根部。将蒜切片。

2 将芦笋在放有少许食盐的沸水中焯熟。

3 在锅中放入水，烧开后加入少许食醋。
用打蛋器不停搅拌锅中的水，在漩涡中
心处打入鸡蛋。稍熟后（蛋黄依然有流
质），用漏勺小心捞起鸡蛋。

4 在烧热的锅中加入少许橄榄油，将蒜稍
微煸炒后，加入柠檬汁和西芹末。开锅
后放入芦笋快炒。

5 将芦笋装入容器，依次摆上意大利熏火
腿和流质鸡蛋，将锅中剩余汤汁均匀浇
在菜上，最后撒上帕玛森奶酪和研磨过
的胡椒子。

fresh tips

可用意大利香肠代替意大利熏火腿。流质鸡蛋制作
有困难的话，可用煮至半熟的鸡蛋代替。如没有块状帕玛森奶
酪，也可选用奶酪屑。

烤蒜沙拉

法式长棍面包上放上烤蒜、芝麻菜,
再配上满满的烤蒜酱一同食用。

材料

整头蒜	2头
法式长棍面包切片	4片
芝麻菜	50g
橄榄油	适量

调味酱 烤蒜酱

蒜	8~10瓣
蓝莓干	1大勺
橄榄油	5大勺
香醋	2大勺
牛至·罗勒·食盐·胡椒	各若干

1　将整头蒜对半切开, 在切面涂上橄
　　榄油。

2　将法式长棍面包用烤箱或烤面包机稍
　　作烘烤。

3　将芝麻菜洗净, 切成适当大小。

4　将对半切开的蒜和调味酱用蒜放入
　　180℃预热的烤箱中烘烤20分钟。

5　将调味酱用蒜捣碎后与其他调味酱食
　　材混合。

6　在容器中放入烤蒜和芝麻菜, 均匀撒
　　上调味酱, 最后在旁边拼放上法式长
　　棍面包。

/fresh tips/

也可将调味酱用蒜放入食品袋,
在微波炉中烤熟。

1

2

5

里科塔奶酪(ricotta cheese)沙拉

当场制作的香软奶酪, 让你享受新鲜的口感。

材料

鲜奶油	250m
牛奶	750ml
原味酸奶	2个
白糖	½大勺
食盐	1小勺
西梅	5个
沙拉蔬菜	50g
山葵	1~2个
杏仁切片	若干
杂粮面包切片	4片

调味酱 黑醋汁

市场销售的黑醋汁	4大勺

1 在小锅中放入鲜奶油、牛奶、原味酸奶、白糖和食盐, 搅拌后煮沸。

2 煮沸后, 调小火熬制。要不停搅拌, 直至结成块状, 乳浆和乳清完全分离。

3 将西梅切小块与②中制作的奶酪混合后, 放入冰箱冷藏。

4 将沙拉蔬菜洗净, 切成适当大小。山葵切片。杂粮面包微作烘烤。

5 将沙拉蔬菜放入盛有黑醋汁的容器中, 依次放上③中的奶酪、山葵和杏仁切片, 最后在旁边拼放上杂粮面包。

fresh tips!

可以多做一些里科塔奶酪, 将水分(乳清)去除干净, 装入密封容器后放入冰箱冷藏保存, 十分方便。

蕃茄杯型沙拉

只需简单地将切过的新鲜食材拌在一起，
就可以制作出的美味沙拉。

材料

蕃茄	2个
洋葱	¼个
芹菜	½棵
黄色灯笼椒	¼个
火腿	50g
饼干	4块

调味酱 芥末奶油酱

蛋黄酱	2大勺
芥末	½大勺
糖稀	1小勺
食盐·胡椒	各若干

1 将蕃茄去蒂，掏空内部。将挖出的番茄切碎。

2 将洋葱、芹菜、彩椒和火腿切成1cm大小的方丁。

3 在混合后的调味酱中放入②中食材和切碎的蕃茄，均匀搅拌。

4 将③满满地装入蕃茄中，盛盘后配以饼干。

\fresh tips!

比起熟透的蕃茄，稍硬的蕃茄因所含水
分少，做出的沙拉会更美味，
口感也会更好。

干贝沙拉

用培根包裹干贝，煎制后与
美味的酱料一同享用。

材料

干贝	4个
培根	4片
菠菜	50g
橄榄油	若干
白葡萄酒	2大勺
柠檬切片	1片

调味酱 蕃茄酱

蕃茄	½个
洋葱	¼个
蒜泥	1小勺
橄榄油・食醋・柠檬汁・白糖	各1大勺
食盐・胡椒・西芹末・罗勒末	各若干

1　将干贝洗净，用培根包裹表层。

2　去除菠菜根部和较硬的茎秆部分，洗
　　净后沥去多余水分。

3　将制作调味酱的蕃茄和洋葱切碎。

4　将③与制作调味酱的其他食材混合。

5　在烧热的锅中倒入少许橄榄油，将①
　　中的干贝放入锅中煎制。表面变焦黄后
　　撒上白葡萄酒，继续煎制，直至干贝完
　　全熟透。

6　在容器中放入煎好的干贝和菠菜，撒
　　上调味酱后配以柠檬。

\fresh tips!/

要先去除干贝表面白色薄膜。
料理前请仔细确认干贝纹路间
是否存在异物。

金枪鱼牛油果沙拉

高级的食材加上简单的造型，
绝对是不容轻视的特色沙拉。

材料

冷冻金枪鱼	200g
牛油果·蕃茄·青阳辣椒	各1个
洋葱	30g
大葱	1棵
细葱	1棵
柠檬汁	3大勺
食盐·胡椒	各若干

调味酱 灯笼椒优格酱

红色灯笼椒	¼个
原味酸奶	1个
糖稀·柠檬汁·食醋	各1大勺
食盐·胡椒	各若干

1 将制作调味酱的食材全部放入搅拌机
   中充分搅拌。

2 将鳄梨对半切开，去除籽和皮后切成
   骰子模样的方丁，撒上2大勺柠檬汁。

3 将蕃茄切成骰子模样的方丁。青阳辣
   椒、洋葱和大葱切碎。细葱切碎末。

4 在③中加入1大勺柠檬汁和食盐。

5 将冷冻金枪鱼解冻后，用厨房纸包
   裹去除多余水分后切成骰子模样的
   方丁。

6 在容器中放上圆柱形模具，按顺序填
   摆上④、牛油果、金枪鱼。成型后拿掉
   模具。

7 最后撒上调味酱和细葱。

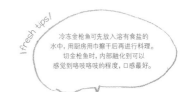

fresh tips!

冷冻金枪鱼可先放入溶有食盐的
水中，用厨房用巾擦干后再进行料理。
切金枪鱼时，内部融化到可以
感觉到咯吱咯吱的程度，口感最好。

2

5

6

鱿鱼沙拉

整只鱿鱼配上爽口的酱料，
是让你一次吃过瘾的沙拉。

材料

鱿鱼	1只
沙拉蔬菜	50g
蕃茄	½个
蒜	2瓣
橄榄油·香醋	各2大勺
白葡萄酒	1大勺

调味酱 橘子酱

橘汁	4大勺
橘皮	1小勺
橄榄油	1/3杯
食醋·白糖	各1大勺
食盐	½大勺
胡椒	若干

1 制作橘子酱的橘皮可利用切丝器切碎
   或绞碎，然后与其他制作调味酱的食
   材混合在一起，放入冰箱冷藏。

2 保持整只鱿鱼形状完整，去除内脏和
   表皮后在一面切开，注意不要把整只
   鱿鱼切断。

3 将沙拉蔬菜洗净，撕成适当大小后沥
   去多余水分。将蕃茄和蒜切片。

4 在烧热的锅中加入适量橄榄油，将蒜
   煸炒过后，放入鱿鱼烤制。

5 在锅中撒入香醋和白葡萄酒，将鱿鱼
   烤至颜色变深。

6 将沙拉蔬菜、蕃茄、鱿鱼依次放入容
   器中，最后撒上调味酱。

海鲜杂菜沙拉

利用海鲜杂菜制作的沙拉，
可以让你享受到不一样的口感。

材料

粉条	60g
洋葱	½个
胡萝卜	¼个
香菇	1个
蒜薹	3棵
沙拉蔬菜	50g
鱿鱼躯干	½只
虾	5个
红蛤	5个
清酒	1大勺
食用油·香油	各若干

调料 东方酱料

市场销售的东方酱料	6大勺

1 将粉条放入水中泡发。

2 将洋葱和胡萝卜切细丝。香菇去柄后切细丝。

3 将蒜薹切成4cm长小段。沙拉蔬菜洗净后切成适当大小, 沥去多余水分。

4 将鱿鱼躯干切成圆环状。虾去壳。将红蛤中的异物去除后将其洗净。

5 在煮沸的水中加入清酒, 随后放入鱿鱼、虾和红蛤焯熟。过凉水后放入漏勺。

6 在烧热的锅中加入少许食用油, 将洋葱、胡萝卜、香菇、蒜薹煸炒后放入容器中。

7 将泡发的粉条放入开水中煮至透明, 过凉水后与香油一起搅拌。

8 将调味酱和焯过的海鲜、炒过的蔬菜以及粉条、沙拉蔬菜一起均匀搅拌, 盛盘。

fresh tips/

如果没有蒜薹, 也可用韭菜等代替。

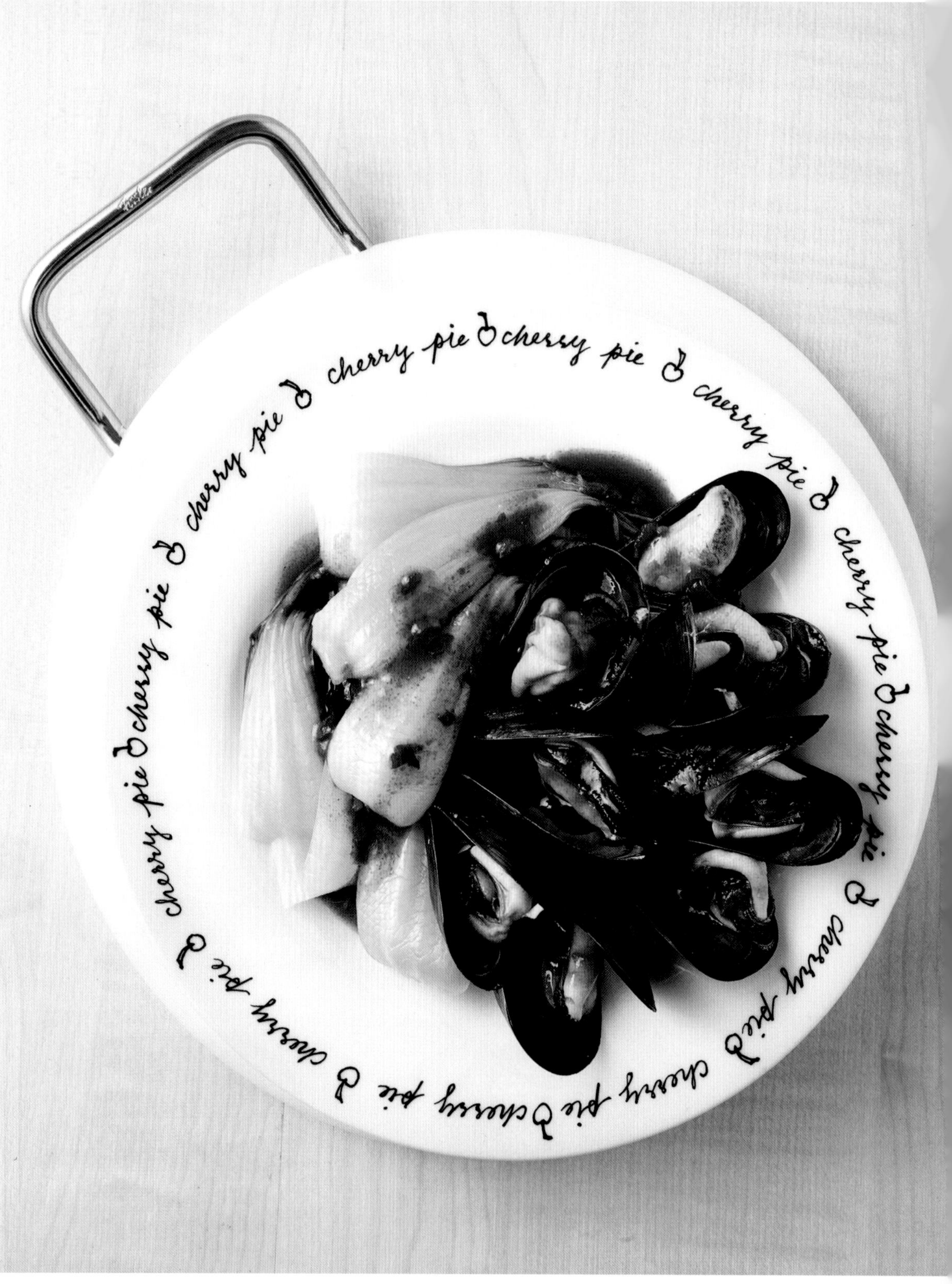
cherry pie

红蛤小白菜沙拉

使用美味的中国风酱料, 是一款美味、
温暖的沙拉。

材料

红蛤	300g
小白菜	4棵
食盐	若干
白葡萄酒	2大勺
柠檬切片	1片

调味酱 豆瓣酱

豆瓣酱·番茄酱	各2大勺
辣酱油·香油·蜂蜜·料酒·白糖·酱油	各1大勺
食醋	2大勺

1 去除红蛤内异物, 揉搓红蛤外壳, 将其
洗净。

2 将制作调味酱的食材全部混合搅拌。

3 去除小白菜底部, 将整颗小白菜对半
切开。在放有少许食盐的沸水中将小白
菜焯熟, 过凉水后放入漏勺沥去多余
水分。

4 在煮沸的水中加入白葡萄酒和柠檬切
片, 放入红蛤焯熟。

5 将红蛤和小白菜放入容器中, 均匀撒上
调味酱。

fresh tips!

不将小白菜焯熟,
直接撒上酱料炒熟
也很美味。

八瓜鱼豆子沙拉

紧绷绷的八瓜鱼配上香草酱,
使口感变得温和、清香。

材料

八瓜鱼	6~8只
什锦豆	120g
洋葱·胡萝卜	各¼个
芹菜	½棵
蕃茄	1个
柠檬切片	1片
橡树叶	10g

调味酱 迷迭香油

橄榄油·白葡萄酒	各2大勺
蒜泥	1大勺
百里香·迷迭香·食盐·胡椒	各若干
食醋	3大勺

1. 去除八瓜鱼的内脏和嘴等部位,洗净后放在漏勺上沥去多余水分。

2. 将豆子在沸水中煮熟后,放在漏勺里过凉水。

3. 将洋葱、胡萝卜、芹菜、蕃茄切成骰子模样的方丁。

4. 在烧热的锅中加入制作调味酱的橄榄油,加入蒜泥、八瓜鱼、洋葱、胡萝卜和芹菜翻炒,之后加入煮过的豆子和制作调味酱的白葡萄酒、百里香、迷迭香、食醋,继续热炒。

5. 汤水几乎耗干时,放入蕃茄,之后加入食盐和胡椒调味。

6. 在容器中放入⑤后搭配上橡树叶和柠檬切片。

\fresh tips/

在八瓜鱼上撒上面粉揉搓,可以很轻易地
去除吸盘和触须之间的异物。

炸牡蛎沙拉

香脆的炸牡蛎搭配上蔬菜，
是一道营养满分的沙拉。

材料

牡蛎	8个
沙拉蔬菜	50g
面包屑	1杯
鸡蛋	1个
面粉	3~4大勺
西芹末·芽菜·食盐	各若干
食用油	适量
柠檬切片	1片

调味酱 塔塔酱

市场销售的塔塔酱	4大勺

1 将牡蛎在盐水中洗净后，放入漏勺中沥去多余水分。

2 将沙拉蔬菜洗净，撕成适当大小。

3 将面包屑和西芹末混合。在另外的容器中单独打入鸡蛋备用。

4 将牡蛎按顺序包裹上面粉、鸡蛋和③中的面包屑，制作好炸衣。

5 在炸锅中加入食用油，烧热到170℃时放入牡蛎，炸至焦黄。

6 在容器中放上沙拉蔬菜和⑤中的炸牡蛎后浇上调味酱。最后搭配上芽菜和柠檬切片。

fresh tips!

如果不喜欢油炸食品，可在平底锅中放入少量食用油将牡蛎煎烤后制作沙拉。

金枪鱼肉末沙拉

水嫩的金枪鱼沾上香喷喷的芝麻，
烤制后配以爽口的调味酱。

fresh tips!

不要将冷冻金枪鱼彻底解冻，只要到用
手指按动金枪鱼时松软的程度即可，
注意要彻底去除金枪鱼水分。

材料

冷冻金枪鱼	200g
沙拉蔬菜	30g
西芹粉	½大勺
黑芝麻·炒芝麻	各1大勺
食盐·胡椒子	各若干
橄榄油	2大勺
芽菜	适量

调味酱 橘子味噌酱

味噌（日本大酱）	2大勺
橘汁	1/3杯
白糖·橄榄油	各1大勺
黑芝麻	若干

1 将味噌和橘汁用打蛋器充分搅拌后加
入白糖、橄榄油、黑芝麻混合制作成调
味酱。

2 将冷冻金枪鱼放入凉水中解冻后，用
厨房纸包裹备用。

3 将沙拉蔬菜洗净后，撕成适当大小。

4 在盘中将西芹粉、黑芝麻、炒芝麻、食
盐和粗糙磨制的胡椒子混合。

5 在②表面均匀沾上④。

6 在烧热的锅中倒入橄榄油，放入金枪
鱼翻烤。

7 将烤过的金枪鱼切成1cm厚的厚片，与
沙拉蔬菜、芽菜一同放入容器中，最后
撒上调味酱。

五花肉沙拉

美味的烤五花肉与拌蔬菜一同享用的绝美风味。

材料

五花肉	200g
营养韭菜	30g
山蒜	20g
栗子	1个

底料 五花肉底料

酱油	1大勺
白糖·清酒	各1小勺
蒜泥	½小勺
胡椒·香油·芝麻盐	各若干

调味酱 东方辣椒粉调味酱

市场销售的东方调味酱	4大勺
辣椒粉	2小勺

1 将五花肉展开, 均匀涂抹底料。

2 将腌制的五花肉在烧热的锅中烘烤。

3 将营养韭菜和山蒜切成5cm长小段。栗子去皮后切片。

4 将制作好的调味酱与韭菜、山蒜混合。

5 将烤过的五花肉放入容器, ④中的拌蔬菜与栗子搅拌后, 搭配在容器中。

\fresh tips/

无论是冷冻五花肉还是冷藏五花肉都可以进行料理。腌制时不要像烤肉时一样涂抹,要将五花肉全部展开,均匀涂抹酱料,这样在烤制时样子才会漂亮。五花肉过于大的话,可以切成2~3等份。

猪蹄沙拉

猪蹄配上窜鼻的开胃酱料, 别有风味。

材料

猪蹄	200g
苤蓝	¼个(80g)
黄瓜·红皮洋葱	各¼个
垂盆草	30g

调味酱 青阳辣椒芥末酱

青阳辣椒	1个
食醋·白糖·黄芥末	各2大勺
芝麻·香油	各1大勺
芥末	1小勺

1 猪蹄切片备用。

2 将苤蓝去皮, 切细丝。黄瓜和红皮洋葱也切成相似大小细丝。

3 将垂盆草洗净后, 放入漏勺沥去多余水分。

4 将制作调味酱的青阳辣椒去蒂、去籽后切碎, 与其他制作调味酱的食材混合在一起。

5 将处理过的所有蔬菜混合, 加入一半调味酱搅拌。

6 将猪蹄放入容器中, 放上⑤, 最后均匀撒上剩余调味酱。

2

3

！fresh tips！

没有苤蓝的话,
也可用萝卜代替。

4

5

生鱼片沙拉

让你一次品尝到能够提升生鱼片口感的
加入蔬菜和海藻的新鲜沙拉。

材料

白色生鱼片	12~16片
萝卜	100g
黄瓜	½个
什锦海藻	50g

调味酱 辣根柑橘醋酱

辣根 (芥末)	1小勺
市场销售的柑橘醋	4大勺

1 将辣根和柑橘醋均匀混合备用。

2 将萝卜和黄瓜用菜刀或切丝器切成细
丝，放入凉水中保鲜。

3 将什锦海藻放入漏勺中，沥去多余
水分。

4 将萝卜、黄瓜沥去多余水分后与海藻混
合，盛盘。

5 放上生鱼片后，配以调味酱。

fresh tips!

什锦海藻最好选用市场上
销售的混合有海带、裙带菜、鹿尾菜等
成品的包装品，这样不仅可以不用自己
处理，量也不是很多，非常方便。

一起享受用样式丰富、口味多样的特色沙拉代替清淡、无味的减肥料理吧。

Part 05

多种食材制作而成的高营养低热量的

减肥沙拉

口感新鲜，口味清淡却让人充满饱腹感的低卡路里减肥料理，用酸甜口感刺激你的味蕾。

什锦豆沙拉

由蛋白质丰富的豆子和鲜虾组成的高营养、
低热量的沙拉。

材料

什锦豆	120g
红灯笼椒	¼个
虾（中虾）	6只
柠檬切片	1片
清酒	1大勺

调味酱 优格酱

柠檬皮·小茴香·蒜泥	各1小勺
原味酸奶·黑醋	各1大勺
食盐·胡椒	各若干

1 将豆子事先在水中泡一夜，之后在放有
少许食盐的沸水中煮熟，放凉。

2 挖掉灯笼椒的籽，切成1cm大小的
方丁。

3 将虾放入加有柠檬切片和清酒的沸
水中焯熟，将虾尾部以外的全部虾皮
剥净。

4 将制作调味酱的柠檬皮切碎。摘下小
茴香的叶子切细丝。

5 将④与制作调味酱的剩余食材均匀搅
拌后，加入食盐和胡椒调味。

6 将豆子、灯笼椒、虾与调味酱均匀混合
后装盘。

/fresh tips/

泡发过的豆子如果用压力锅煮制，要
注意减少水量和烹煮的时间。

玄米沙拉

请尽情享用清淡的玄米和鸡胸肉配上
软嫩的豆腐调味酱的美味吧。

材料	
玄米·鸡胸肉	各200g
西兰花	½棵
胡萝卜	¼根
清酒	1大勺
柠檬切片	1片
芽菜·食盐	各若干

调味酱 豆腐酱	
豆腐	220g
黑醋	4大勺
芝麻·香油	各2大勺
酱油	2大勺
食盐·胡椒	各若干

1 将玄米蒸熟后，盛入容器中铺开晾凉。

2 将食盐和胡椒以外的制作调味酱的食材全部放入搅拌机中搅拌均匀，然后加入胡椒和食盐调味，最后放入冰箱冷藏。

3 将鸡胸肉放入加有清酒、柠檬切片和食盐的沸水中煮熟，捞出放凉后切成2cm大小的方块。

4 将西兰花切成适当大小。胡萝卜切成1.5cm大小方块。

5 将西兰花和胡萝卜放入加有少许食盐的沸水中焯熟。

6 将处理过的所有食材与调味酱混合后盛盘，撒上芽菜。

\fresh tips/

注意在烹煮沙拉所用的玄米饭时要加入比平时用量少的水，用有嚼劲的米饭做出的沙拉口感会更好。

卷心菜苹果沙拉

鲜脆的苹果和卷心菜搭配筋道的无花果，
给你味觉上的享受。

材料

卷心菜	150g
苹果	½个
无花果干	4~5个
糖水	适量
（白糖1小勺，水适量）	

调味酱 柚子柑橘醋

市场销售的柚子	适量
柑橘醋	½杯

1. 去除卷心菜的厚心儿后，切成3~4cm大小的方块。

2. 苹果带皮洗净后切薄片，为了防止变色，将其放入糖水中浸泡。

3. 将无花果干对半切开。

4. 将卷心菜、苹果和无花果干放入容器，搅拌后撒上调味酱。

fresh tips

如果有当季新鲜的无花果，
就用保鲜膜包裹放入冰箱，
冷冻后制作沙拉。

烤蔬菜沙拉

可以尽情享用蔬菜美味的健康沙拉。

 材料

茄子・甜南瓜・洋葱	各½个
蕃茄	1个
鸡腿菇	2个
青椒・红灯笼椒	各½个
橄榄油	4~5大勺
食盐・胡椒	各若干
沙拉蔬菜	30g

调味酱 油醋

橄榄油	6大勺
香醋	2大勺
食盐・胡椒	各若干

1　首先将橄榄油和香醋均匀混合，然后加入食盐和胡椒调味，制作成油醋。

2　将茄子、甜南瓜和鸡腿菇切成5cm长的薄片。

3　将洋葱和蕃茄切圆薄片。灯笼椒去籽后切成2cm宽薄片。

4　在处理好的蔬菜上刷上橄榄油，撒上食盐和胡椒。

5　在烧热的锅中将④中蔬菜烤熟。

6　将沙拉蔬菜和烤过的蔬菜装入容器，撒上油醋。

fresh tips

没有烤盘的话也可用烤箱或一般平底锅代替。

4

5

蟹肉彩椒沙拉

即使是减肥料理也可以品尝到酸甜的味道。

fresh tips

夏天不用解冻冷冻芒果，将调味酱制作成思慕雪会更凉爽。

材料

市场销售的蟹肉棒	5根
青椒·红灯笼椒	各¼个

调味酱 芒果酱

冷冻芒果·青阳辣椒	各½个
橄榄油	2大勺
柠檬汁	3大勺
食盐	若干

1 将冷冻芒果在常温下解冻30分钟。

2 将去蒂去籽后的青阳辣椒、解冻后的芒果和剩余制作调味酱的食材一起放入搅拌机中搅拌。

3 将市场销售的蟹肉棒切成适当大小的3~4等份。彩椒去籽后切丝。

4 将蟹肉和彩椒混合后装盘，撒上调味酱。

红薯优格沙拉

能够同时享用到富有饱腹感的红薯和富含维他命的水果。

fresh tips

根据季节的变化, 也可换成葡萄、
猕猴桃、柿子等时令水果。

 材料

红薯	2个
草莓	5颗
橙子	1个
石榴	适量

调味酱 菠萝优格酱

市场销售的菠萝优格酱 ——————4大勺

1 将红薯带皮洗净, 放入锅中煮熟。

2 将草莓去蒂后, 切成圆柱形。橙子
去皮后切大块。

3 将煮熟的红薯对半切开后, 再切成
较厚的月牙形。

4 剥下石榴粒。

5 在容器中放入红薯、草莓和橙子,
混合后撒上调味酱和石榴粒。

裙带菜蛤蜊肉沙拉

有美肌效果的低卡路里海鲜沙拉。

材料

蛤仔	12个(60g)
鱿鱼圈	8个
裙带菜	60g
紫菜	若干
沙拉蔬菜	60g
清酒	1大勺

调味酱 香油酱

食醋	3大勺
香油·酱油·清酒	各1大勺
白糖	½大勺
炒芝麻	若干

1 将制作调味酱的材料混合后放入冰箱冷藏。

2 取出蛤仔肉后，和鱿鱼圈一起放入加有清酒的沸水中焯熟。

3 将裙带菜在水中泡发后，放入沸水中焯熟，切成小段。

4 将紫菜剪成细条。

5 将沙拉蔬菜洗净后切成适当大小，放入容器中。

6 将蛤仔、鱿鱼、裙带菜和调味将混合后与⑤放在一起，撒上紫菜。

fresh tips

因为带壳销售的蛤仔要去除淤泥，
因此可选择市场上销售的
密封蛤仔肉。

葡萄沙拉

可以同时品尝到葡萄的酸爽和熟柿子的甘甜。

材料		调味酱 柿子酱	
红葡萄·青葡萄	各10粒	冷冻柿子	1个
西兰花	¼棵	柠檬汁	3大勺
菜花	¼棵		
食盐	若干		

fresh tips

如果添加煮熟的鸡胸肉，会更加富有饱腹感。

1. 将葡萄洗净后，带皮对半切开。

2. 将西兰花和菜花切成适当大小，在加有少许食盐的沸水中焯熟。过凉水后沥去多余水分。

3. 将冷冻柿子在常温中解冻30分钟以上。去籽后与柠檬汁一起放入搅拌机搅拌。

4. 将葡萄、西兰花、菜花混合后装盘，撒上调味酱。

魔芋沙拉

即使将整份沙拉吃掉也只是相当于
一个苹果的热量。

材料

魔芋	150g
茴芹	30g
萝卜苗	20g
食醋	1大勺

调味酱 芝麻杏仁酱

市场销售的芝麻杏仁酱
———————————3大勺

1 将魔芋放入加有食醋的沸水中焯熟，过凉水后
放入漏勺，沥去多余水分。

2 去除茴芹坚硬的根茎后洗净。

3 去除萝卜苗底部，过凉水后沥去多余水分。

4 将萝卜苗和魔芋混合后盛盘，搭配上茴芹后撒
上调味酱。

fresh tips

魔芋一次性购买很多，放入冰箱冷藏，
可以吃很长时间。除了制作沙拉，
也可代替面条或炒面，
对减肥会很有帮助。

蘑菇沙拉

用如肉般既有嚼劲又美味的蘑菇制作
而成的沙拉,尽情享用吧。

材料

洋菇·杏鲍菇·平菇	各30g
香菇	2片
金针菇	½把
圣女果	4个
沙拉蔬菜	50g
橄榄油	2大勺
食盐·胡椒	各若干

调味酱 黑醋汁

橄榄油	6大勺
香醋	4大勺
洋葱	¼个
蒜泥	½大勺
芥末·水	各1大勺
柠檬汁	2小勺
白糖	1小勺
食盐·胡椒	各若干

fresh tips

可以根据个人喜好更换蘑菇种类,但是请注意不要选择香气很重的松茸或是干香菇。

1 将制作调味酱的食材混合后放入冰箱冷藏。

2 将洋菇和杏鲍菇切片,香菇去腿后切片。

3 将平菇和金针菇去除底部后撕成适当大小。

4 将圣女果去蒂,切4等份。沙拉蔬菜洗净后,撕成适当大小。

5 在烧热的锅中加入橄榄油,将所有蘑菇热炒后,加入食盐和胡椒调味。

6 在容器中依次放入沙拉蔬菜、炒过的蘑菇、圣女果,最后撒上调味酱。

铁扒鸡肉沙拉

由不用担心会长肉的鸡胸肉制作
而成的丰盛一餐。

材料

鸡胸肉	1块
圣女果	3个
沙拉蔬菜	50g
金橘	2个
迷迭香	1根
白葡萄酒	2大勺
橄榄油	1大勺
食盐·胡椒	各若干

调味酱 **蕃茄酱**

橄榄油	1大勺
红葡萄酒醋	2大勺
蒜泥	1小勺
蕃茄汁	½杯
食盐·胡椒	各若干

1 将制作调味酱的食材全部混合后放入
  冰箱冷藏。

2 将沙拉蔬菜撕成适当大小。金橘对半
  切开。迷迭香捣碎。

3 在鸡胸肉上撒上迷迭香末、白葡萄
  酒、橄榄油、食盐和胡椒,腌制30
  分钟。

4 在烧热的锅中放入腌制过的鸡胸肉,
  将其整个儿烤熟。

5 将圣女果和金橘放在鸡胸肉旁,稍作
  烤制。

6 在容器中放入沙拉蔬菜后,依次加入
  烤制的鸡胸肉、圣女果和金橘,最后
  撒上调味酱。

fresh tips

在用平底锅烤制鸡胸肉时,要盖上锅盖,
小火烤至鸡胸肉完全熟透。如果用烤箱的话,
要在180℃温度下烤制10~15分钟。

3

5

圣女果沙拉

酸甜的圣女果，即使一次吃很多也不用担心会发胖。

fresh tips

也可将圣女果换成红色蕃茄、青色蕃茄等各种颜色、品种的蕃茄。洋葱炒过后再制成沙拉甜味会更加明显。

材料

圣女果	20个

调味酱

洋葱	¼个
罗勒叶	4~6片
橄榄油	4大勺
红葡萄酒醋	2大勺
食盐·胡椒	各若干

1　将圣女果洗净，在沸水中焯烫后，去蒂去皮。

2　将制作调味酱的洋葱切碎。罗勒切丝。

3　在容器中放入蕃茄、洋葱和罗勒，将剩余的调味酱材料搅拌后均匀倒入容器中，放入冰箱冷藏30分钟。

豆腐凤尾鱼沙拉

豆腐、凤尾鱼、核桃和蔬菜的完美融合,可以均匀吸收到各种营养。

fresh tips

也可将核桃放入烤箱,在180℃温度下烘烤8~10分钟。在油锅中快炒过后的凤尾鱼味道也很不错。

材料

即食豆腐	100g
蕃茄	½个
核桃	30g
凤尾鱼干	20g
沙拉蔬菜	50g
小叶蔬菜	若干

调味酱 柑橘醋

酱油	2大勺
食醋·料酒	各2大勺
清酒·白糖	各1大勺
海带汤	8大勺

1 将制作调味酱的食材放入锅中,稍作煮制,直到白糖融化。

2 将豆腐切成2cm大小的方块。蕃茄去蒂后切成半月状。

3 核桃和凤尾鱼在不放油的状态下炒过后,将核桃捣成小块。

4 将沙拉蔬菜洗净后,撕成适当大小。

5 将处理过的食材全部混合后盛盘,撒上调味酱。

地中海式海鲜沙拉

酸甜的调味酱搭配新鲜的海鲜，
让人胃口大开的沙拉。

材料

巴非蛤	12个
虾 (中虾)	6只
水煮章鱼	120g
沙拉蔬菜	30g
柠檬切片	1片
白葡萄酒	1大勺

调味酱 意式酱料

市场销售的意式酱料	4大勺
西柚汁	2大勺

1 将巴非蛤放进盐水中，在黑暗处搁置
20分钟，去除淤泥。

2 去除虾尾部分以外的全部虾皮，同时去
除内脏。

3 将水煮章鱼切成适当大小。

4 在烧热的锅中放入橄榄油，将巴非蛤、
虾和章鱼热炒。

5 在④中加入白葡萄酒，炒至巴非蛤的壳
完全打开。

6 按量将调味酱做好。将沙拉蔬菜洗净
后撕成适当大小。

7 在容器中放入沙拉蔬菜和炒过的海
鲜，最后撒上调味酱。

fresh tips

如不喜欢炒制海鲜，也可将其放入加有柠檬
和清酒的沸水中焯熟，制作沙拉。

现在开始在家里享受咖啡厅早午餐和家庭饭店中必不可少的人气沙拉吧。

Part 06

不亚于咖啡厅、饭店的家庭风味

饭店人气沙拉

本章将向你介绍将家庭式沙拉制作得比外食更美味、更健康的方法。

尼斯沙拉

将清淡食材与地中海风情凤尾鱼酱
完美融合的法式尼斯风情沙拉。

材料

土豆·鸡蛋·蕃茄	各1个
芦笋	3~4个
黑橄榄	4个
绿橄榄	3个
小叶蔬菜	30g
芽菜	若干

调味酱 凤尾鱼酱

腌凤尾鱼	2片
橄榄油	6大勺
白葡萄酒醋	2大勺
食盐·胡椒	各若干

1 将凤尾鱼切碎，与其他食材一起混合后
   制作成调味酱。

2 将土豆和鸡蛋煮熟，去皮放凉后切成
   圆厚片。

3 将蕃茄切成和土豆、鸡蛋类似大小。去
   除芦笋底部后，用削皮器将其去皮。

4 将芦笋放入加有少许食盐的沸水中焯
   熟，过凉水后沥去多余水分，并对半
   切开。

5 将处理过的食材全部放入容器，摆上
   小叶蔬菜和芽菜后撒上调味料。

/fresh tips/

因为是将新鲜凤尾鱼在食盐中腌制后放入油中保
存的腌凤尾鱼，所以味道很咸，在调味时需要特
别注意。

卡普瑞沙拉

是来源于意大利卡普瑞地区的由蕃茄、莫扎里拉奶酪和罗勒制作而成的沙拉。

fresh tips!

可以多做一些罗勒香蒜酱用于意面
或是涂抹在面包上制作成
三明治等食品。

材料

圣女果	5~6个
淡莫扎里拉奶酪	1个
黑橄榄	10个
绿橄榄	4个
芝麻菜	40g

调味酱　罗勒香蒜酱

生罗勒	1杯
橄榄油	6大勺
松子	2大勺
蒜	1瓣
帕玛森奶酪屑	1大勺
食盐·胡椒	各若干

调味酱　油醋酱

橄榄油	3大勺
香醋	1大勺
食盐·胡椒	各若干

1　将制作罗勒香蒜酱的所有食材放入搅拌机中打碎后，放入冰箱冷藏。

2　将蕃茄去蒂后对半切开。

3　在半个莫扎里拉奶酪上切出方格状，剩下的奶酪切成方丁。

4　将芝麻菜洗净后沥去多余水分。

5　在容器中放入芝麻菜、橄榄、蕃茄、奶酪丁，搅拌后摆入切成方丁状的奶酪。

6　将制作好的油醋酱均匀撒在沙拉上，最后再撒上罗勒香蒜酱。

凯撒沙拉

用海鲜代替培根制作而成的味道简单、
独具特色的凯撒沙拉。

材料

长叶莴苣	60g
鱿鱼圈	6个
虾	4只
红蛤	4个
白葡萄酒	1大勺
柠檬切片	1片
帕玛森奶酪屑·胡椒	各适量

调味酱 油炸面包丁

面包	1片
橄榄油	2大勺
帕玛森奶酪屑	½大勺
迷迭香	若干

调味酱 恺撒酱

腌凤尾鱼末	1大勺
黄芥末酱·帕玛森奶酪屑	各1大勺
蛋黄酱	½杯
柠檬汁	3大勺
英国黑醋（Worcester Sauce）	1小勺
蒜泥·塔巴斯科辣沙司	½小勺各
食盐·胡椒	各若干

1 按量将所有制作调味酱的食材混合后，放入冰箱冷藏。

2 将面包切成2cm大小的方丁，与橄榄油、奶酪屑和迷迭香搅拌后放入180℃预热的烤箱中烤制6~8分钟，制作成油炸面包丁。

3 去除长叶莴苣底部，洗净后沥去多余水分。

4 将鱿鱼圈、虾、红蛤放入加有白葡萄酒和柠檬切片的沸水中焯熟后，放入冰水中冷却。剥去除虾尾部以外的所有虾皮。

5 将长叶莴苣和④中的海鲜混合，放入4大勺调味酱搅拌。

6 在容器中放入⑤和油炸面包丁，最后撒上帕玛森奶酪屑和胡椒。

\fresh tips/

长叶莴苣作为生菜的一种，
嚼起来很是鲜脆，味道非常好。
像其他棵状蔬菜一样是以棵为
单位销售，并不单卖菜叶。
如购买时有困难，
可用圆生菜代替。

熏制三文鱼沙拉

软香的奶油奶酪和熏制三文鱼的结合，既可以作开胃小菜又可以作下酒菜的沙拉。

fresh tips

冷冻熏制三文鱼很容易购买。在冷藏室里稍作解冻后，一片一片取下才不会破坏三文鱼原本的模样。注意解冻后要在最快的时间里进行料理并食用。

材料

熏制三文鱼切片	4片
洋葱	¼个
黑橄榄	6个
圣女果	3个
沙拉蔬菜	30g
芽菜	若干

调味酱 奶油奶酪酱

奶油奶酪	2大勺
原味酸奶	3大勺
洋葱末·刺山柑·白糖·食醋·柠檬汁	各1大勺

1　奶油奶酪放在室温中软化后，与其他制作调味酱的食材混合在一起，放入冰箱冷藏。

2　将洋葱切细丝，放入凉水中保鲜后，放入漏勺沥去多余水分。

3　将黑橄榄切成圆环状切片。圣女果去蒂后对半切开。

4　将沙拉蔬菜洗净后，撕成适当大小。

5　在容器中放入沙拉蔬菜和切成一半的三文鱼切片。

6　在⑤中加入洋葱、橄榄、蕃茄，搅拌后用芽菜作装饰，最后撒上调味酱。

fresh tips

刺山柑由香料植物的花蕾腌制而成。很容易在进口腌制食品区购买到，是和熏制三文鱼搭配食用的食材。

牛排沙拉

一款戈尔根朱勒干酪调味酱和牛排完美
结合的独特风味沙拉。

材料

牛肉 (牛排用牛上腰脊背肉)	200g
沙拉蔬菜	50g
蒜	5~6瓣
橄榄油	1大勺
食盐·胡椒	各若干

调味酱 戈尔根朱勒酱

戈尔根朱勒干酪	4大勺
洋葱末·橄榄油·白葡萄酒醋	各2大勺
糖稀	1大勺
原味酸奶	150ml
食盐·胡椒	各若干

1 在小锅中加入2大勺橄榄油,将洋葱末
热炒。洋葱炒熟后调小火,放入戈尔根
朱勒干酪。

2 奶酪融化后,放入其他制作调味酱的
食材,均匀搅拌。

3 牛肉上撒上食盐和胡椒。在烧热的锅
中加入1大勺橄榄油,用大火烤制牛
肉。

4 牛肉两面烤至褐色后调小火,直到牛
肉内部烤熟。此时将蒜一同放入锅中
烤制。

5 将沙拉蔬菜洗净后撕成适当大小。

6 烤好的牛肉放凉后切成适当大小,放
入容器中,加入沙拉蔬菜和烤蒜,最后
撒上②中的调味酱。

fresh tips!

将调味酱稍微加热后再加入沙拉,味道会更
加美味。如果牛肉的温度很高,也可直接倒
入调味酱食用。

虾仁沙拉

香脆的炸虾和饺子皮搭配制作而成的充满
饱腹感的沙拉料理。

材料

煎炸用虾（冷冻）	6只
面包屑	1杯
西芹末	1小勺
面粉	½杯
鸡蛋	1个
饺子皮	2片
沙拉蔬菜	30g
煎炸用油	适量

调味酱 塔塔酱

市场销售的塔塔酱	5大勺
柠檬汁	1大勺

1 将煎炸用虾放在室温中解冻。

2 将面包屑和西芹末混合，鸡蛋单独放置。将饺子皮切成细条状。

3 将制作调味酱的食材按量混合。

4 将沙拉蔬菜洗净后撕成适当大小。

5 将虾均匀蘸满面粉后，再蘸上鸡蛋。

6 在⑤的基础上再蘸上面包屑。

7 将虾放入170℃的热油锅中，炸至焦黄。饺子皮同样过油炸制。

8 在容器中放入沙拉蔬菜、炸过的虾和饺子皮，最后撒上调味酱。

/fresh tips/

没有饺子皮的情况下，也可将面条切短炸制后搭配食用，味道也很好。准备1小块柠檬，食用沙拉之前直接挤上柠檬汁，会更加开胃。

柯布沙拉

可以同时品尝到多种食材的各种味道和口感。

材料

材料	
鸡胸肉·火腿·切达奶酪	各100g
煮鸡蛋	2个
蕃茄	1个
黄瓜	½个
黑橄榄	8~10个
沙拉蔬菜	30g
白葡萄酒	1大勺
切片柠檬	1片
洋葱	1片
芹菜叶	若干

调味酱 越橘酱

越橘干	3大勺
橄榄油	½杯
香醋	4大勺
红皮洋葱末	1大勺
第戎芥末酱	½大勺
白糖	1小勺
食盐·胡椒	各若干

1 将越橘切成小块儿后与其他制作调味酱的食材混合，放入冰箱冷藏。

2 将鸡胸肉放入加有白葡萄酒、柠檬切片、洋葱、芹菜叶的沸水中煮10分钟，然后放入冰水中冷却。

3 将火腿切成2cm大小骰子模样的方丁。将鸡胸肉切成同样大小。

4 将切达奶酪、煮鸡蛋、蕃茄、黄瓜切成和鸡胸肉相同大小。将黑橄榄切成圆环状厚片。

5 沙拉蔬菜洗净后撕成适当大小。

6 按量制作好调味酱后，将沙拉蔬菜和量的调味酱均匀搅拌后盛盘。

7 将处理过的余下食材放在⑥上，淋上其余调味酱。

\fresh tips\

在焯鸡胸肉时，如果没有白葡萄酒，
可用清酒代替。也可不用放洋葱和芹菜叶。
可以使用冷冻越橘，但请注意要用厨纸将其包
裹去除多余水分后，再做料理。

德式土豆沙拉

土豆的清香和含有芥末香气的培根
调味酱的完美组合。

材料

土豆	4个
罗勒叶	2片
菊苣	适量
食盐	若干

调味酱 辣培根酱

培根切片	2片
洋葱末·白葡萄酒醋	各2大勺
鸡肉汤	½杯
颗粒芥末·橄榄油·白糖	各1大勺
食盐·胡椒	各若干

1 将培根切成1cm宽的长条，在小锅中煎
至褐色，然后加入洋葱末继续炒制。

2 在①中加入鸡肉汤，煮沸后调小火，放
入白葡萄酒醋、芥末、橄榄油、白糖、食
盐和胡椒调味后关火。

3 将土豆去皮后切成2.5cm大小的方丁，
在冷水中浸泡10分钟。

4 将土豆放入加有少许食盐的沸水中煮
熟，放在漏勺上沥去多余水分。

5 将罗勒叶切丝。菊苣洗净，撕成适当
大小。

6 将土豆和②中温热的调味酱混合后盛
入容器，撒上罗勒叶，最后摆上菊苣
装饰。

fresh tips

可以选用罐装或密封销售的鸡肉汤，
非常方便。

华尔道夫沙拉

尽情品尝由香脆爽口的食材和清淡的鸡胸肉搭配
而成的特色华尔道夫沙拉吧。

材料

苹果	1个
梨	½个
芹菜	½棵
核桃	½杯
鸡胸肉	200g
切片柠檬	1片

调味酱 华尔道夫酱

蛋黄酱·原味酸奶·柠檬汁	各2大勺
食盐	若干

1 将苹果去皮后,切成2.5cm大小方丁。

2 将梨去皮后,切成和苹果同样大小。芹菜去心后斜切。

3 将核桃切成小块儿。

4 将鸡胸肉放入加有柠檬的沸水中煮熟,过凉水冷却后切成和苹果同样大小。

5 将处理过的全部食材放入容器中,加入调味酱均匀搅拌,最后用食盐调味。

fresh tips

将在冷藏室或冷冻室里保存的核桃
放在烧热的没有放油的平底锅中稍作炒制,
味道和口感都会更好。

卷心菜沙拉

新鲜的蔬菜和香气十足的花生搭配
而成的人气满分沙拉。

材料

卷心菜	150g
胡萝卜	100g
紫甘蓝	80g
小葱	3棵
花生	2大勺

调味酱 亚洲卷心菜沙拉酱

橄榄油	80ml
清酒·蛋黄酱	各2大勺
白糖·酱油·食醋	各1大勺
香油	1小勺
辣椒粉·芝麻·食盐·胡椒	各若干

1 将卷心菜、胡萝卜、紫甘蓝切细丝。

2 将小葱和花生切碎。

3 将制作调味酱的食材按量混合,制成调味酱。

4 将①和小葱与调味酱混合,放入冰箱冷藏30分钟以上,冰镇后撒上花生。

\fresh tips!

如果是做给孩子吃,
可以去掉口感较辣的
小葱。

墨西哥沙拉

由牛油果和青阳辣椒制作而成的调味酱可以提高食欲。放入玉米粉圆饼 (tortilla) 中食用别有一番风味。

材料

玉米粉圆饼（8英寸）	1片
牛肉（背脊）	150g
罐装芸豆	1杯
卷心菜	2片
蕃茄	½个
橄榄油	1大勺
柠檬汁	2大勺
煎炸用油	适量
食盐·胡椒	各若干

调味酱 鳄梨酱

牛油果	½个
青阳辣椒	1个
洋葱末·柠檬汁	各2大勺
原味酸奶	3大勺
食盐·胡椒	各若干

1 将玉米粉圆饼放入漏勺中，做成碗的形状，在油锅中炸至焦黄。

2 将牛肉切成5cm的长条，加入食盐和胡椒调味，在烧热的锅中加入橄榄油和一大勺柠檬汁，放入牛肉烤制。

3 将芸豆和罐头中的汤汁一起放入搅拌机中搅拌，在小锅中加热后加入食盐和胡椒调味。

4 将卷心菜切细丝，蕃茄切成1.5cm大小方丁，加入1大勺柠檬汁、食盐和胡椒一起搅拌。

5 将牛油果去皮去籽后，与剩下制作调味酱的食材一起搅拌。

6 在炸过的玉米粉圆饼中放入③和烤牛肉、卷心菜、蕃茄，最后满满地倒上牛油果酱。

\fresh tips/

如果选用牛里脊口味会更加清淡。在调味酱中加入些切达奶酪，会更加美味。

卡君鸡肉沙拉

现在就在家里制作孩子们喜爱的
卡君鸡肉沙拉吧。

| fresh tips |

炸鸡粉是加入各种五香调料的煎炸粉。如果没有
也可用一半煎炸粉代替。

材料

鸡胸肉	4块
红灯笼椒	¼个
黑橄榄	4个
葡萄柚	½个
沙拉蔬菜	50g
卡君调味料	1小勺
炸鸡粉	½杯
煎炸用油	适量
食盐·胡椒	各若干
白葡萄酒	1大勺

调味酱 砂糖芥末酱

市场销售的砂糖芥末酱	4大勺

1 去除鸡胸肉的肉筋后，对半斜切开。

2 将处理过的鸡胸肉放入食盐、胡椒和
  白葡萄酒的混合物中腌制30分钟。

3 将灯笼椒去蒂去籽后切片。黑橄榄切成
  圆环状。

4 将葡萄柚去皮，只留下果肉。

5 将沙拉蔬菜洗净后撕成适当大小。

6 将卡君调味料和煎炸粉混合后均匀蘸
  在鸡胸肉上，在170℃的热油锅中炸至
  焦黄。

7 在容器中放入灯笼椒、黑橄榄、葡萄
  柚、沙拉蔬菜，搅拌后摆上炸鸡胸肉，
  最后撒上砂糖芥末酱。

1

2

4

6

内容提要

几样新鲜健康的食材，信手拈来的调味酱汁，即可成为一道道色彩缤纷、口味清新的沙拉。开胃的前菜轻食沙拉、健康又充满新鲜感的配菜沙拉、饱腹的低脂主菜沙拉、一盘菜也能让你的餐桌变得丰盛的主菜沙拉，多种食材制作而成的高营养低热量的减肥沙拉，一起来分享最令人心动的绝妙好滋味吧！

北京市版权局著作权合同登记号：图字01-2013 – 9122号

싱싱 샐러드

Copyright © 2013 by Choi Jooyoung

All rights reserved.

Originally published in Korea by KPI Publishing Group

Simplified Chinese copyright © 2014 by China WaterPower Press

This Simplified Chinese edition was published by arrangement with KPI Publishing Group through Agency Liang

图书在版编目（CIP）数据

百变沙拉：77道好吃不胖的健康料理 / （韩）崔柱泳著；刘悦译. -- 北京：中国水利水电出版社，2014.7（2016.12重印）
　　ISBN 978-7-5170-1977-0

　　Ⅰ．①百⋯　Ⅱ．①崔⋯　②刘⋯　Ⅲ．①沙拉－菜谱　Ⅳ．①TS972.121

中国版本图书馆CIP数据核字（2014）第093130号

策划编辑：余楛婷　责任编辑：余楛婷　加工编辑：王乃竹　封面设计：杨　慧

书　　名	百变沙拉：77道好吃不胖的健康料理
作　　者	【韩】崔柱泳 著　刘 悦 译
出版发行	中国水利水电出版社 （北京市海淀区玉渊潭南路 1 号 D 座 100038） 网　址：www.waterpub.com.cn E-mail：mchannel@263.net（万水） 　　　　　sales@waterpub.com.cn 电　话：(010) 68367658（发行部）、82562819（万水）
经　　售	北京科水图书销售中心（零售） 电话：（010）88383994、63202643、68545874 全国各地新华书店和相关出版物销售网点
排　　版	北京万水电子信息有限公司
印　　刷	联城印刷（北京）有限公司
规　　格	175mm×220mm　16开本　9.75印张　100千字
版　　次	2014 年 7 月第 1 版　2016 年 12 月第 2 次印刷
印　　数	5001—8000册
定　　价	38.00元

凡购买我社图书，如有缺页、倒页、脱页的，本社发行部负责调换

版权所有·侵权必究